Veraltete Maße

Einheit	Gebiet	
1 Zoll	Preußen	1 Zoll = 2,615 cm
1 Fuß	Preußen	1 Fuß = 31,385 cm
1 Elle	Preußen	1 Elle = 66,69 cm
1 Klafter	Preußen	1 Klafter = 1,883 m
1 Rute	Preußen	1 Rute = 3,766 m
1 Meile	Preußen	1 Meile = 7532,48 m
1 Acker	Sachsen	1 Acker = 55,34 a
1 Acker	Sachsen-Altenburg	1 Acker = 64,43 a
1 Joch	Oldenburg	1 Joch = 43,38 a
1 Joch	Tirol	1 Joch = 35,97 a
1 Morgen	Mecklenburg-Schwerin	1 Morgen = 65,53 a
1 Morgen	Preußen	1 Morgen = 25,53 a
1 Tagewerk	Baden	1 Tagewerk = 36,00 a
1 Tagewerk	Bayern	1 Tagewerk = 34,07 a
1 arschin	Russland	1 arschin = 71,18 cm
1 werst	Russland	1 werst = 1066,8 m
1 Meile	Russland	1 Meile = 7467,8 m

Stückmaße

Einheit	Anzahl
1 Dutzend	12 Stück
1 Gros	144 Stück
1 kleine Mandel	15 Stück
1 große Mandel	16 Stück
1 Paar	2 Stück
1 Schock	60 Stück
1 Stiege	20 Stück
1 Wall	80 Stück

Inhalt

Mathematik

Zeichen, Ziffern, Zahlentafeln

Mathematische Formeln

Physik

Größen und Einheiten

Wertetafeln

→ Astronomie

→ Chemie

Mathematik

Zeichen, Ziffern, Zahlentafeln

Mathematische Zeichen

$+$	plus
$-$	minus
$\cdot$	mal
$:$	geteilt durch
$\frac{}{}$ (—)	durch (Bruchstrich)
$\ldots$	und so weiter bis
$=, \neq$	gleich, ungleich
$\approx$	angenähert, rund
$:=$	ist gleich nach Definition
$\widehat{=}$	entspricht
$<, >$	kleiner, größer
$\leq$	kleiner gleich (kleiner oder gleich)
$\geq$	größer gleich (größer oder gleich)
$\sim$	proportional, ähnlich
$\mid, \nmid$	teilt, teilt nicht
%, ‰	Prozent, Promille
$\lvert z \rvert$	Betrag von z $\lvert z \rvert = z$, falls $z > 0$ $\lvert z \rvert = -z$, falls $z < 0$
∞	unendlich
$\sqrt{\ }$	Wurzel aus
$f(x)$	f von x Funktionswert des Argumentes x
$\in$	Element von
$\notin$	nicht Element von
$\subset$	echte Teilmenge von
$\subseteq$	Teilmenge von
$\{a, b, \ldots\}$	Menge der Elemente a, b, …
$\emptyset$	(die) leere Menge
$A \cap B$	Menge A geschnitten Menge B
$[a; b]$	geordnetes Paar
$]a; b[$	offenes Intervall; andere Schreibweise: $a < x < b$. (a, b gehören nicht zum Intervall)
$[a; b]$	abgeschlossenes Intervall; andere Schreibweise: $a \leq x \leq b$. (a, b gehören zum Intervall)
$\log_a b$	Logarithmus b zur Basis a
ln	natürlicher Logarithmus
lg	dekadischer Logarithmus
$n!$	n Fakultät
$\binom{n}{p}$	n über p (Binomialkoeffizient)
V_n^k	Variationen von n Elementen zur k-ten Klasse
C_n^k	Kombinationen von n Elementen zur k-ten Klasse
P_n	Permutationen von n Elementen
$P(A)$	Wahrscheinlichkeit des Eintretens des Ereignisses A
$\parallel$	parallel zu
$\nparallel$	nicht parallel zu
$\perp$	senkrecht auf
$\triangle$	Dreieck
AB	Gerade AB
$\overline{AB}$	Strecke AB (A und B Endpunkte der Strecke)
$\vert\!\overline{AB}$	Strahl AB
$\overrightarrow{AB}$	gerichtete Strecke von A nach B
$\overset{\frown}{AB}$	Bogen AB (Kreisbogen von A nach B)
$\sphericalangle$	Winkel
$\measuredangle$	orientierter Winkel (Winkel mit vorgegebener Drehrichtung)
$^\circ, ', ''$	Grad, Minuten, Sekunden (Winkeleinheiten)
arc α	Arcus α (Winkeleinheiten im Bogenmaß)
$\cong$	kongruent
$\sim$	ähnlich
sin	Sinus
cos	Kosinus
tan	Tangens
(a_n)	Folge a_n

Zahlenbereiche

$\mathbb{N}$	Menge der natürlichen Zahlen
$\mathbb{Q}^+$	Menge der gebrochenen Zahlen (Bruchzahlen)
$\mathbb{Z}$	Menge der ganzen Zahlen
$\mathbb{Q}$	Menge der rationalen Zahlen
$\mathbb{R}$	Menge der reellen Zahlen
$\mathbb{R}^*$	Menge der reellen Zahlen mit Ausnahme der Null

Zeichen für Konstanten (beide Zahlen sind irrational)

π	Kreiszahl (Ludolf'sche Zahl)	π = 3,141 592 653 589 793 …
e	Euler'sche Zahl	e = 2,718 281 828 459 045 …

Griechisches Alphabet (Druckbuchstaben)

A	α	Alpha	I	ι	Jota	P	ϱ	Rho
B	β	Beta	K	κ	Kappa	Σ	σ ς	Sigma
Γ	γ	Gamma	Λ	λ	Lambda	T	τ	Tau
Δ	δ	Delta	M	μ	My	Y	υ	Ypsilon
E	ε	Epsilon	N	ν	Ny	Φ	φ	Phi
Z	ζ	Zeta	Ξ	ξ	Xi	X	χ	Chi
H	η	Eta	O	o	Omikron	Ψ	ψ	Psi
Θ	ϑ	Theta	Π	π	Pi	Ω	ω	Omega

Römische Ziffern

Die Römer benutzten zur Zahldarstellung 7 Ziffern:

I	1	V	5	X	10	L	50	C	100	D	500	M	1000

Stehen diese Ziffern nebeneinander, so wird je nach der Reihenfolge addiert bzw. subtrahiert.

1	I	9	IX	17	XVII	25	XXV	33	XXXIII	30	XXX	200	CC
2	II	10	X	18	XVIII	26	XXVI	34	XXXIV	40	XL	300	CCC
3	III	11	XI	19	XIX	27	XXVII	35	XXXV	50	L	400	CD
4	IV	12	XII	20	XX	28	XXVIII	36	XXXVI	60	LX	500	D
5	V	13	XIII	21	XXI	29	XXIX	37	XXXVII	70	LXX	600	DC
6	VI	14	XIV	22	XXII	30	XXX	38	XXXVIII	80	LXXX	700	DCC
7	VII	15	XV	23	XXIII	31	XXXI	39	XXXIX	90	XC	800	DCCC
8	VIII	16	XVI	24	XXIV	32	XXXII	40	XL	100	C	900	CM

■ XXVIII = 10 + 10 + 5 + 1 + 1 + 1 = 28
IC = 100 – 1 = 99
MDCCLXIV = 1 000 + 500 + 100 + 100 + 50 + 10 + (5 – 1) = 1 764

Rechenoperationen

1. Stufe	Addition	$a + b = c$	a, b	Summanden	c Summe
	Subtraktion	$a - b = c$	a	Minuend	
			b	Subtrahend	c Differenz
2. Stufe	Multiplikation	$a \cdot b = c$	a, b	Faktoren	c Produkt
	Division	$a : b = c$	a	Dividend	
		$\boldsymbol{(b \neq 0)}$	b	Divisor	c Quotient
3. Stufe	Potenzieren	$a^b = c$	a	Basis der Potenz	
			b	Exponent	c Potenz
	Radizieren	$\sqrt[a]{b} = c$	a	Wurzelexponent	
		$\boldsymbol{(b \geq 0)}$	b	Radikand	c Wurzel
	Logarithmieren	$\log_a b = c$	a	Basis	
		$\boldsymbol{(a > 0;\ a \neq 1)}$	b	Numerus	c Logarithmus

Bezeichnung von Zehnerpotenzen

$10^3 =$	1 000	1 Tausend	$10^{12} =$	1 000 000 000 000	1 Billion
$10^6 =$	1 000 000	1 Million	$10^{18} =$	1 000 000 000 000 000 000	1 Trillion
$10^9 =$	1 000 000 000	1 Milliarde	$10^{24} =$	1 000 000 000 000 000 000 000 000	1 Quadrillion

Darstellung von Zahlen mit abgetrennten Zehnerpotenzen:

■ $2{,}56 \cdot 10^6 = 2\,560\,000$

Man kann sich leicht merken:
Beim Übergang von $2{,}56 \cdot 10^6$ zur normalen Schreibweise rückt das Komma in 2,56 um 6 Stellen nach rechts: 2,56 → 2 560 000.

■ $2{,}56 \cdot 10^{-6} = \frac{256}{100} \cdot \frac{1}{1\,000\,000} = 0{,}000\,002\,56$

Beim Übergang von $2{,}56 \cdot 10^{-6}$ zur normalen Schreibweise rückt das Komma in 2,56 um 6 Stellen nach links: 2,56 ← 0,000 002 56.

Rundungsregeln

Beim Runden werden alle auf eine bestimmte Ziffer folgenden Ziffern durch Nullen ersetzt. Dabei bleibt die betreffende Ziffer unverändert, wenn ihr vor der Nulleneinsetzung eine 1, 2, 3 oder 4 folgte **(Abrunden)**.

Die betreffende Ziffer wird um 1 erhöht, wenn ihr vor der Nulleneinsetzung eine 5, 6, 7, 8 oder 9 folgte **(Aufrunden)**.

4 347 soll auf Hunderter gerundet werden. 4 347 (der 3 folgt eine 4, also abrunden): $4\,347 \approx 4\,300$

4 352 soll auf Hunderter gerundet werden. 4 352 (der 3 folgt eine 5, also aufrunden): $4\,352 \approx 4\,400$

Regeln für das Rechnen mit Näherungswerten

Näherungswerte erhält man beim Messen, Runden und Rechnen mit Dezimalbrüchen, wenn diese für irrationale Zahlen oder für gemeine Brüche verwendet werden, die auf periodische Dezimalbrüche führen. Die maximale Abweichung eines Näherungswertes vom (meist unbekannten) genauen Wert nach oben oder nach unten ist i. Allg. nicht größer als die Hälfte des Stellenwertes der letzten angegebenen Ziffer.

■ Auf Seite 12 finden wir als Näherungswert für $\sqrt{7}$ die Zahl 2,646. Der genaue Wert von $\sqrt{7}$ liegt zwischen 2,6455 und 2,6465.

Beim Rechnen mit Näherungswerten bedient man sich für die Ergebnisangabe mit sinnvoller Genauigkeit häufig der folgenden Faustregeln:

① Beim **Addieren und Subtrahieren** denjenigen Näherungswert heraussuchen, bei dem die letzte zuverlässige Ziffer am weitesten links steht. Man rundet das Ergebnis auf diese Stelle.

② Beim **Multiplizieren und Dividieren** denjenigen Näherungswert mit der geringsten Anzahl zuverlässiger Ziffern heraussuchen und auf die betreffende Stelle runden.

■ zu ①

```
  7,333
+ 19,52  ←
+  0,5253
+ 21,689
  49,0673
≈ 49,07  ←
```

■ zu ②

```
5,937 · 2,15
  11874
   5937
  29685
12,76455
≈ 12,8
```

Teiler und Vielfache natürlicher Zahlen

a heißt Teiler von *b*, wenn es eine natürliche Zahl *n* gibt, sodass $a \cdot n = b$ gilt: $a \mid b$.
Wenn *a* Teiler von *b* ist, so ist *b* ein Vielfaches von *a*.

Beim Vergleich der Teiler zweier oder mehrerer Zahlen findet man den größten gemeinsamen Teiler ggT

■ 24 | 1, 2, 3, …, 12, … 24
60 | 1, 2, 3, …, 12, 15, … 60

Beim Vergleich der Vielfachen zweier oder mehrerer Zahlen findet man das kleinste gemeinsame Vielfache kgV

■ 6 | 12, 18, 24, 30, …, 48, …
8 | 16, …, 24, 32, …, 48, …

Primzahlen

Natürliche Zahlen, die größer als 1 und nur durch 1 und durch sich selbst teilbar sind, heißen Primzahlen. (Primzahlen sind alle natürlichen Zahlen mit genau zwei Teilern.) Die kleinste Primzahl ist 2, eine größte Primzahl gibt es nicht. Ein Beweis hierfür wurde schon von Euklid (etwa 365–300 v. Ch.) gegeben. Primzahlen kann man mithilfe des „Siebes des Eratosthenes" aussondern. Mit Computern werden immer größere Primzahlen gefunden, so z. B. $2^{216091} - 1$ (eine Zahl mit 65 000 Stellen).

2	101	233	383	547	701	877	1039	1223	1427	1583	1777	1987
3	103	239	389	557	709	881	1049	1229	1429	1597	1783	1993
5	107	241	397	563	719	883	1051	1231	1433	1601	1787	1997
7	109	251	401	569	727	887	1061	1237	1439	1607	1789	1999
11	113	257	409	571	733	907	1063	1249	1447	1609	1801	2003
13	127	263	419	577	739	911	1069	1259	1451	1613	1811	2011
17	131	269	421	587	743	919	1087	1277	1453	1619	1823	2017
19	137	271	431	593	751	929	1091	1279	1459	1621	1831	2027
23	139	277	433	599	757	937	1093	1283	1471	1627	1847	2029
29	149	281	439	601	761	941	1097	1289	1481	1637	1861	2039
31	151	283	443	607	769	947	1103	1291	1483	1657	1867	2053
37	157	293	449	613	773	953	1109	1297	1487	1663	1871	2063
41	163	307	457	617	787	967	1117	1301	1489	1667	1873	2069
43	167	311	461	619	797	971	1123	1303	1493	1669	1877	2081
47	173	313	463	631	809	977	1129	1307	1499	1693	1879	2083
53	179	317	467	641	811	983	1151	1319	1511	1697	1889	2087
59	181	331	479	643	821	991	1153	1321	1523	1699	1901	2089
61	191	337	487	647	823	997	1163	1327	1531	1709	1907	2099
67	193	347	491	653	827		1171	1361	1543	1721	1913	2111
71	197	349	499	659	829	1009	1181	1367	1549	1723	1931	2113
73	199	353	503	661	839	1013	1187	1373	1553	1733	1933	2129
79	211	359	509	673	853	1019	1193	1381	1559	1741	1949	2131
83	223	367	521	677	857	1021	1201	1399	1567	1747	1951	2137
89	227	373	523	683	859	1031	1213	1409	1571	1753	1973	2141
97	229	379	541	691	863	1033	1217	1423	1579	1759	1979	2143

Zahlen im Zweiersystem

Die Zahl 2 ist Basis des Zweiersystems (Dualsystems). Zur Darstellung einer natürlichen Zahl im Dualsystem benötigt man zwei Ziffern. Um Verwechslungen mit dekadischen Ziffern zu vermeiden, verwendet man oft 0 und L.

- LL0L oder $[1101]_2$ bedeutet 13.

2^{12}	2^{11}	2^{10}	2^9	2^8	2^7	2^6	2^5	2^4	2^3	2^2	2^1	2^0
4096	2048	1024	512	256	128	64	32	16	8	4	2	1

Beispiel für die Umwandlung einer Zahl aus dem dekadischen ins duale System:

$237 = 1 \cdot 128 + 1 \cdot 64 + 1 \cdot 32 + 0 \cdot 16 + 1 \cdot 8 + 1 \cdot 4 + 0 \cdot 2 + 1 \cdot 1$

237 = LLL0LL0L

Für die Addition von Zahlen in Dualdarstellung gilt:

0 + 0 = 0	L + 0 = L
0 + L = L	L + L = L0

Beispiel für die Umwandlung einer Zahl aus dem dualen ins dekadische System:

L0L0LL0LL $= 1 \cdot 2^8 + 0 \cdot 2^7 + 1 \cdot 2^6 + 0 \cdot 2^5 + 1 \cdot 2^4 + 1 \cdot 2^3 + 0 \cdot 2^2 + 1 \cdot 2^1 + 1 \cdot 2^0$

L0L0LL0LL = 347

Für die Multiplikation von Zahlen in Dualdarstellung gilt:

0 · 0 = 0	L · 0 = 0
0 · L = 0	L · L = L

Zahlenbereiche

Natürliche Zahlen	$\mathbb{N}$	Beschreibung: 0, 1, 2, 3, … Uneingeschränkt ausführbar: Addition, Multiplikation
Ganze Zahlen 	$\mathbb{Z}$ $\mathbb{N} \subset \mathbb{Z}$	Beschreibung: …, – 3, – 2, – 1, 0, 1, 2, 3, … Der Bereich der ganzen Zahlen umfasst die natürlichen Zahlen und die zu ihnen entgegengesetzten Zahlen. Uneingeschränkt ausführbar: Addition, Subtraktion, Multiplikation
Gebrochene Zahlen (Bruchzahlen) 	$\mathbb{Q}^+$ $\mathbb{N} \subset \mathbb{Q}^+$	Beschreibung: Alle Brüche, die an ein und demselben Punkt des Zahlenstrahls stehen, bezeichnen ein und dieselbe gebrochene Zahl. Gebrochene Zahlen können auch durch (endliche oder periodische) Dezimalbrüche angegeben werden. Uneingeschränkt ausführbar: Addition, Multiplikation, Division (ausgenommen durch 0)
Rationale Zahlen 	$\mathbb{Q}$ $\mathbb{N} \subset \mathbb{Q}$ $\mathbb{Z} \subset \mathbb{Q}$ $\mathbb{Q}^+ \subset \mathbb{Q}$	Beschreibung: Die positiven gebrochenen Zahlen und die zu ihnen entgegengesetzten Zahlen bilden zusammen mit der Zahl 0 den Zahlenbereich der rationalen Zahlen. Jede rationale Zahl lässt sich in der Form $\frac{p}{q}$ $(p \in \mathbb{Z};\ q \in \mathbb{N};\ q \neq 0)$ darstellen. Daneben gibt es die Darstellung als positiver bzw. negativer Dezimalbruch. Uneingeschränkt ausführbar: Addition, Subtraktion, Multiplikation, Division (ausgenommen durch 0)
Reelle Zahlen 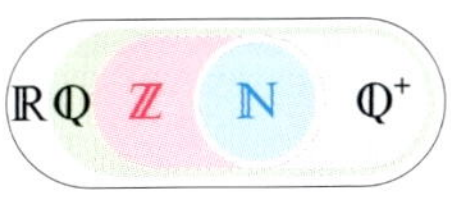	$\mathbb{R}$ $\mathbb{N} \subset \mathbb{R}$ $\mathbb{Z} \subset \mathbb{R}$ $\mathbb{Q}^+ \subset \mathbb{R}$ $\mathbb{Q} \subset \mathbb{R}$	Beschreibung: Die rationalen und die irrationalen Zahlen bilden den Zahlenbereich der reellen Zahlen. Irrationale Zahlen sind unendliche, nichtperiodische Dezimalbrüche. Beispiele für irrationale Zahlen und ihre Darstellung mithilfe rationaler Näherungswerte: $\pi = 3{,}141\ 592\ 653\ 589\ 793\ 238\ 462\ 643\ 383\ \ldots$; $\sqrt{2} = 1{,}414\ 213\ 562\ 3\ \ldots$ Uneingeschränkt ausführbar: Addition, Subtraktion, Multiplikation, Division (ausgenommen durch 0). Das Radizieren bleibt auf nichtnegative Radikanden beschränkt.

Intervalle im Bereich reeller Zahlen

Abgeschlossene Intervalle
$[a;\ b]$ ist die Menge aller reellen Zahlen x mit $a \leq x \leq b$.
Die Randwerte a und b gehören zum Intervall.

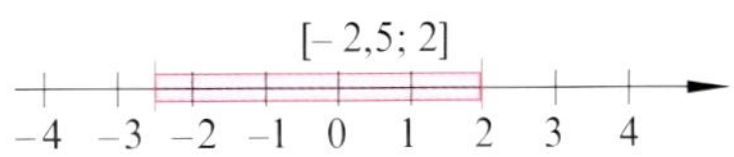

Offene Intervalle
$]a;\ b[$ ist die Menge aller reellen Zahlen x mit $a < x < b$.
Die Randwerte a und b gehören nicht zum Intervall.
$[a;\ +\infty[$ ist die Menge aller reellen Zahlen x mit $x > a$.

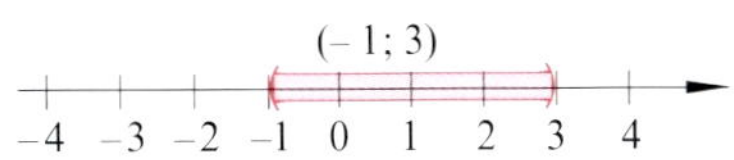

Halboffene Intervalle
$[a;\ b[$ ist die Menge aller reellen Zahlen x mit $a \leq x < b$.
$]a;\ b]$ ist die Menge aller reellen Zahlen x mit $a < x \leq b$.
$[a;\ +\infty[$ ist die Menge aller reellen Zahlen x mit $x \geq a$.
$]-\infty;\ a]$ ist die Menge aller reellen Zahlen x mit $x \leq a$.

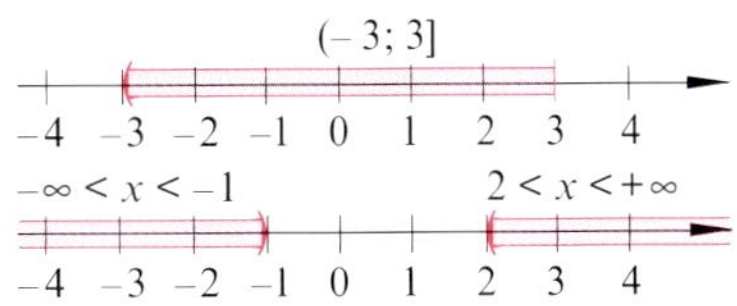

Quadrattafel

x	0	1	2	3	4	5	6	7	8	9
1,0	1,000	1,020	1,040	1,061	1,082	1,102	1,124	1,145	1,166	1,188
1,1	1,210	1,232	1,254	1,277	1,300	1,322	1,346	1,369	1,392	1,416
1,2	1,440	1,464	1,488	1,513	1,538	1,562	1,588	1,613	1,638	1,664
1,3	1,690	1,716	1,742	1,769	1,796	1,822	1,850	1,877	1,904	1,932
1,4	1,960	1,988	2,016	2,045	2,074	2,102	2,132	2,161	2,190	2,220
1,5	2,250	2,280	2,310	2,341	2,372	2,402	2,434	2,465	2,496	2,528
1,6	2,560	2,592	2,624	2,657	2,690	2,722	2,756	2,789	2,822	2,856
1,7	2,890	2,924	2,958	2,993	3,028	3,062	3,098	3,133	3,168	3,204
1,8	3,240	3,276	3,312	3,349	3,386	3,422	3,460	3,497	3,534	3,572
1,9	3,610	3,648	3,686	3,725	3,764	3,802	3,842	3,881	3,920	3,960
2,0	4,000	4,040	4,080	4,121	4,162	4,202	4,244	4,285	4,326	4,368
2,1	4,410	4,452	4,494	4,537	4,580	4,622	4,666	4,709	4,752	4,796
2,2	4,840	4,884	4,928	4,973	5,018	5,062	5,108	5,153	5,198	5,244
2,3	5,290	5,336	5,382	5,429	5,476	5,522	5,570	5,617	5,664	5,712
2,4	5,760	5,808	5,856	5,905	5,954	6,002	6,052	6,101	6,150	6,200
2,5	6,250	6,300	6,350	6,401	6,452	6,502	6,554	6,605	6,656	6,708
2,6	6,760	6,812	6,864	6,917	6,970	7,022	7,076	7,129	7,182	7,236
2,7	7,290	7,344	7,398	7,453	7,508	7,562	7,618	7,673	7,728	7,784
2,8	7,840	7,896	7,952	8,009	8,066	8,122	8,180	8,237	8,294	8,352
2,9	8,410	8,468	8,526	8,585	8,644	8,702	8,762	8,821	8,880	8,940
3,0	9,000	9,060	9,120	9,181	9,242	9,302	9,364	9,425	9,486	9,548
3,1	9,610	9,672	9,734	9,797	9,860	9,922	9,986	10,05	10,11	10,18
3,2	10,24	10,30	10,37	10,43	10,50	10,56	10,63	10,69	10,76	10,82
3,3	10,89	10,96	11,02	11,09	11,16	11,22	11,29	11,36	11,42	11,49
3,4	11,56	11,63	11,70	11,76	11,83	11,90	11,97	12,04	12,11	12,18
3,5	12,25	12,32	12,39	12,46	12,53	12,60	12,67	12,74	12,82	12,89
3,6	12,96	13,03	13,10	13,18	13,25	13,32	13,40	13,47	13,54	13,62
3,7	13,69	13,76	13,84	13,91	13,99	14,06	14,14	14,21	14,29	14,36
3,8	14,44	14,52	14,59	14,67	14,75	14,82	14,90	14,98	15,05	15,13
3,9	15,21	15,29	15,37	15,44	15,52	15,60	15,68	15,76	15,84	15,92
4,0	16,00	16,08	16,16	16,24	16,32	16,40	16,48	16,56	16,65	16,73
4,1	16,81	16,89	16,97	17,06	17,14	17,22	17,31	17,39	17,47	17,56
4,2	17,64	17,72	17,81	17,89	17,98	18,06	18,15	18,23	18,32	18,40
4,3	18,49	18,58	18,66	18,75	18,84	18,92	19,01	19,10	19,18	19,27
4,4	19,36	19,45	19,54	19,62	19,71	19,80	19,89	19,98	20,07	20,16
4,5	20,25	20,34	20,43	20,52	20,61	20,70	20,79	20,88	20,98	21,07
4,6	21,16	21,25	21,34	21,44	21,53	21,62	21,72	21,81	21,90	22,00
4,7	22,09	22,18	22,28	22,37	22,47	22,56	22,66	22,75	22,85	22,94
4,8	23,04	23,14	23,23	23,33	23,43	23,52	23,62	23,72	23,81	23,91
4,9	24,01	24,11	24,21	24,30	24,40	24,50	24,60	24,70	24,80	24,90
5,0	25,00	25,10	25,20	25,30	25,40	25,50	25,60	25,70	25,81	25,91
5,1	26,01	26,11	26,21	26,32	26,42	26,52	26,63	26,73	26,83	26,94
5,2	27,04	27,14	27,25	27,35	27,46	27,56	27,67	27,77	27,88	27,98
5,3	28,09	28,20	28,30	28,41	28,52	28,62	28,73	28,84	28,94	29,05
5,4	29,16	29,27	29,38	29,48	29,59	29,70	29,81	29,92	30,03	30,14
x	0	1	2	3	4	5	6	7	8	9

Rückt das Komma in x eine Stelle nach rechts (links), so rückt es in x^2 zwei Stellen nach rechts (links).

Quadrattafel

x	0	1	2	3	4	5	6	7	8	9
5,5	30,25	30,36	30,47	30,58	30,69	30,80	30,91	31,02	31,14	31,25
5,6	31,36	31,47	31,58	31,70	31,81	31,92	32,04	32,15	32,26	32,38
5,7	32,49	32,60	32,72	32,83	32,95	33,06	33,18	33,29	33,41	33,52
5,8	33,64	33,76	33,87	33,99	34,11	34,22	34,34	34,46	34,57	34,69
5,9	34,81	34,93	35,05	35,16	35,28	35,40	35,52	35,64	35,76	35,88
6,0	36,00	36,12	36,24	36,36	36,48	36,60	36,72	36,84	36,97	37,09
6,1	37,21	37,33	37,45	37,58	37,70	37,82	37,95	38,07	38,19	38,32
6,2	38,44	38,56	38,69	38,81	38,94	39,06	39,19	39,31	39,44	39,56
6,3	39,69	39,82	39,94	40,07	40,20	40,32	40,45	40,58	40,70	40,83
6,4	40,96	41,09	41,22	41,34	41,47	41,60	41,73	41,86	41,99	42,12
6,5	42,25	42,38	42,51	42,64	42,77	42,90	43,03	43,16	43,30	43,43
6,6	43,56	43,69	43,82	43,96	44,09	44,22	44,36	44,49	44,62	44,76
6,7	44,89	45,02	45,16	45,29	45,43	45,56	45,70	45,83	45,97	46,10
6,8	46,24	46,38	46,51	46,65	46,79	46,92	47,06	47,20	47,33	47,47
6,9	47,61	47,75	47,89	48,02	48,16	48,30	48,44	48,58	48,72	48,86
7,0	49,00	49,14	49,28	49,42	49,56	49,70	49,84	49,98	50,13	50,27
7,1	50,41	50,55	50,69	50,84	50,98	51,12	51,27	51,41	51,55	51,70
7,2	51,84	51,98	52,13	52,27	52,42	52,56	52,71	52,85	53,00	53,14
7,3	53,29	53,44	53,58	53,73	53,88	54,02	54,17	54,32	54,46	54,61
7,4	54,76	54,91	55,06	55,20	55,35	55,50	55,65	55,80	55,95	56,10
7,5	56,25	56,40	56,55	56,70	56,85	57,00	57,15	57,30	57,46	57,61
7,6	57,76	57,91	58,06	58,22	58,37	58,52	58,68	58,83	58,98	59,14
7,7	59,29	59,44	59,60	59,75	59,91	60,06	60,22	60,37	60,53	60,68
7,8	60,84	61,00	61,15	61,31	61,47	61,62	61,78	61,94	62,09	62,25
7,9	62,41	62,57	62,73	62,88	63,04	63,20	63,36	63,52	63,68	63,84
8,0	64,00	64,16	64,32	64,48	64,64	64,80	64,96	65,12	65,29	65,45
8,1	65,61	65,77	65,93	66,10	66,26	66,42	66,59	66,75	66,91	67,08
8,2	67,24	67,40	67,57	67,73	67,90	68,06	68,23	68,39	68,56	68,72
8,3	68,89	69,06	69,22	69,39	69,56	69,72	69,89	70,06	70,22	70,39
8,4	70,56	70,73	70,90	71,06	71,23	71,40	71,57	71,74	71,91	72,08
8,5	72,25	72,42	72,59	72,76	72,93	73,10	73,27	73,44	73,62	73,79
8,6	73,96	74,13	74,30	74,48	74,65	74,82	75,00	75,17	75,34	75,52
8,7	75,69	75,86	76,04	76,21	76,39	76,56	76,74	76,91	77,09	77,26
8,8	77,44	77,62	77,79	77,97	78,15	78,32	78,50	78,68	78,85	79,03
8,9	79,21	79,39	79,57	79,74	79,92	80,10	80,28	80,46	80,64	80,82
9,0	81,00	81,18	81,36	81,54	81,72	81,90	82,08	82,26	82,45	82,63
9,1	82,81	82,99	83,17	83,36	83,54	83,72	83,91	84,09	84,27	84,46
9,2	84,64	84,82	85,01	85,19	85,38	85,56	85,75	85,93	86,12	86,30
9,3	86,49	86,68	86,86	87,05	87,24	87,42	87,61	87,80	87,98	88,17
9,4	88,36	88,55	88,74	88,92	89,11	89,30	89,49	89,68	89,87	90,06
9,5	90,25	90,44	90,63	90,82	91,01	91,20	91,39	91,58	91,78	91,97
9,6	92,16	92,35	92,54	92,74	92,93	93,12	93,32	93,51	93,70	93,90
9,7	94,09	94,28	94,48	94,67	94,87	95,06	95,26	95,45	95,65	95,84
9,8	96,04	96,24	96,43	96,63	96,83	97,02	97,22	97,42	97,61	97,81
9,9	98,01	98,21	98,41	98,60	98,80	99,00	99,20	99,40	99,60	99,80
x	0	1	2	3	4	5	6	7	8	9

■ $8{,}47^2 = 71{,}74$ $\quad\sqrt{21{,}44} = 4{,}63$ $\quad\sqrt{2{,}144} \approx \sqrt{2{,}132} = 1{,}46$

$84{,}7^2 = 7174$ $\quad\sqrt{2144} = 46{,}3$ $\quad\sqrt{214{,}4} \approx \sqrt{213{,}2} = 14{,}6$

Quadratzahlen; Quadratwurzeln; Kubikzahlen

n	n^2	$\sqrt{n}$	n^3	n	n^2	$\sqrt{n}$	n^3	n	n^2	$\sqrt{n}$	n^3
1	1	1,000	1	21	441	4,583	9261	41	1681	6,403	68921
2	4	1,414	8	22	484	4,690	10648	42	1764	6,481	74088
3	9	1,732	27	23	529	4,796	12167	43	1849	6,557	79507
4	16	2,000	64	24	576	4,899	13824	44	1936	6,633	85184
5	25	2,236	125	25	625	5,000	15625	45	2025	6,708	91125
6	36	2,449	216	26	676	5,099	17576	46	2116	6,782	97336
7	49	2,646	343	27	729	5,196	19683	47	2209	6,856	103823
8	64	2,828	512	28	784	5,292	21952	48	2304	6,928	110592
9	81	3,000	729	29	841	5,385	24389	49	2401	7,000	117649
10	100	3,162	1000	**30**	900	5,477	27000	**50**	2500	7,071	125000
11	121	3,317	1331	31	961	5,568	29791	51	2601	7,141	132651
12	144	3,464	1728	32	1024	5,657	32768	52	2704	7,211	140608
13	169	3,606	2197	33	1089	5,745	35937	53	2809	7,280	148877
14	196	3,742	2744	34	1156	5,831	39304	54	2916	7,348	157464
15	225	3,873	3375	35	1225	5,916	42875	55	3025	7,416	166375
16	256	4,000	4096	36	1296	6,000	46656	56	3136	7,483	175616
17	289	4,123	4913	37	1369	6,083	50653	57	3249	7,550	185193
18	324	4,243	5832	38	1444	6,164	54872	58	3364	7,616	195112
19	361	4,359	6859	39	1521	6,245	59319	59	3481	7,681	205379
20	400	4,472	8000	**40**	1600	6,325	64000	**60**	3600	7,746	216000

Werte von Exponential- und Logarithmusfunktionen

x	2^x	e^x	10^x
– 2,0	0,250	0,135	0,010
– 1,8	0,287	0,165	0,016
– 1,6	0,330	0,202	0,025
– 1,4	0,379	0,247	0,040
– 1,2	0,435	0,301	0,063
– 1,0	0,500	0,368	0,100
– 0,8	0,574	0,449	0,158
– 0,6	0,660	0,549	0,251
– 0,4	0,758	0,670	0,398
– 0,2	0,871	0,819	0,631
0	1,000	1,000	1,000
0,2	1,149	1,221	1,585
0,4	1,320	1,492	2,512
0,6	1,516	1,822	3,981
0,8	1,741	2,226	6,310
1,0	2,000	2,718	10,00
1,2	2,297	3,320	15,85
1,4	2,639	4,055	25,12
1,6	3,031	4,953	39,81
1,8	3,482	6,050	63,10
2,0	4,000	7,389	100,0
2,5	5,657	12,18	316,2
3,0	8,000	20,09	1000
3,5	11,314	33,12	3162

x	$\lg x$	$\ln x$
0	nicht erklärt	
0,2	– 0,6990	– 1,6094
0,4	– 0,3979	– 0,9163
0,6	– 0,2218	– 0,5108
0,8	– 0,0969	– 0,2231
1,0	0,0000	0,0000
1,2	0,0792	0,1823
1,4	0,1461	0,3365
1,6	0,2041	0,4700
1,8	0,2553	0,5878
2,0	0,3010	0,6931
2,2	0,3424	0,7885
2,4	0,3802	0,8755
2,6	0,4150	0,9555
2,8	0,4472	1,0296
3,0	0,4771	1,0986
3,5	0,5441	1,2528
4	0,6021	1,3863
5	0,6990	1,6094
6	0,7782	1,7918
7	0,8451	1,9459
8	0,9031	2,0794
9	0,9542	2,1972
10	1,0000	2,3026

x	$\lg x$	$\ln x$
11	1,0414	2,3979
12	1,0792	2,4849
13	1,1139	2,5649
14	1,1461	2,6391
15	1,1761	2,7081
16	1,2041	2,7726
17	1,2304	2,8332
18	1,2553	2,8904
19	1,2788	2,9444
20	1,3010	2,9957
21	1,3222	3,0445
22	1,3424	3,0910
23	1,3617	3,1355
24	1,3802	3,1781
25	1,3979	3,2189
26	1,4150	3,2581
27	1,4314	3,2958
28	1,4472	3,3322
29	1,4624	3,3673
30	1,4771	3,4012
31	1,4914	3,4340
32	1,5051	3,4657
33	1,5185	3,4965
34	1,5315	3,5264
35	1,5441	3,5553
36	1,5563	3,5835
37	1,5682	3,6109
38	1,5798	3,6376

Winkelmaße

Gradmaß

Beim Gradmaß wird dem Vollwinkel die Zahl 360 zugeordnet.

Einheit: 1 Grad
(Das ist die Größe desjenigen Winkels, der gleich dem 360sten Teil des Vollwinkels ist.)

Weitere Einheiten: 1′; 1″
1° = 60′ = 3 600″
1′ = 60″

0,1° = 6′
0,2° = 12′
0,3° = 18′
0,4° = 24′
0,5° = 30′
0,6° = 36′
0,7° = 42′
0,8° = 48′
0,9° = 54′

Bogenmaß

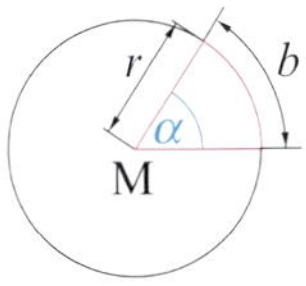

α = 1 rad
≈ 57,296°

Beim Bogenmaß wird jedem Winkel (aufgefasst als Zentriwinkel eines Kreises) das Verhältnis $\frac{b}{r}$ von Länge des zugehörigen Bogens und Länge des Radius als Zahlenwert zugeordnet.
Einheit: 1 Radiant
(Das ist die Größe desjenigen Winkels, der aus dem Umfang eines Kreises einen Bogen von der Länge des Radius ausschneidet.)

Umrechnungstafel: Grad in Radiant

Grad	Rad.	Grad	Rad.	Grad	Rad.
1	0,017	31	0,541	61	1,065
2	035	32	559	62	082
3	052	33	576	63	100
4	070	34	593	64	117
5	087	35	611	65	134
6	105	36	628	66	152
7	122	37	646	67	169
8	140	38	663	68	187
9	157	39	681	69	204
10	0,175	40	0,698	70	1,222
11	0,192	41	0,716	71	1,239
12	209	42	733	72	257
13	227	43	750	73	274
14	244	44	768	74	292
15	262	45	785	75	309
16	279	46	803	76	326
17	297	47	820	77	344
18	314	48	838	78	361
19	332	49	855	79	379
20	0,349	50	0,873	80	1,396
21	0,367	51	0,890	81	1,414
22	384	52	908	82	431
23	401	53	925	83	449
24	419	54	942	84	466
25	436	55	960	85	484
26	454	56	977	86	501
27	471	57	995	87	518
28	489	58	1,012	88	536
29	506	59	030	89	553
30	0,524	60	1,047	90	1,571
Grad	Rad.	Grad	Rad.	Grad	Rad.

Umrechnungstafel: Radiant in Grad

Rad.	Grad	Rad.	Grad	Rad.	Grad
0,02	1,1	0,62	35,5	1,22	69,9
0,04	2,3	0,64	36,7	1,24	71,0
0,06	3,4	0,66	37,8	1,26	72,2
0,08	4,6	0,68	39,0	1,28	73,3
0,10	5,7	0,70	40,1	1,30	74,5
0,12	6,9	0,72	41,3	1,32	75,6
0,14	8,0	0,74	42,4	1,34	76,8
0,16	9,2	0,76	43,5	1,36	77,9
0,18	10,3	0,78	44,7	1,38	79,1
0,20	11,5	0,80	45,8	1,40	80,2
0,22	12,6	0,82	47,0	1,42	81,4
0,24	13,8	0,84	48,1	1,44	82,5
0,26	14,9	0,86	49,3	1,46	83,7
0,28	16,0	0,88	50,4	1,48	84,8
0,30	17,2	0,90	51,6	1,50	85,9
0,32	18,3	0,92	52,7	1,52	87,1
0,34	19,5	0,94	53,9	1,54	88,2
0,36	20,6	0,96	55,0	1,56	89,4
0,38	21,8	0,98	56,1	1,58	90,5
0,40	22,9	1,00	57,3	1,60	91,7
0,42	24,1	1,02	58,4	1,62	92,8
0,44	25,2	1,04	59,6	1,64	94,0
0,46	26,4	1,06	60,7	1,66	95,1
0,48	27,5	1,08	61,9	1,68	96,3
0,50	28,6	1,10	63,0	1,70	97,4
0,52	29,8	1,12	64,2	1,72	98,5
0,54	30,9	1,14	65,3	1,74	99,7
0,56	32,1	1,16	66,5	1,76	100,8
0,58	33,2	1,18	67,6	1,78	102,0
0,60	34,4	1,20	68,8	1,80	103,1
Rad.	Grad	Rad.	Grad	Rad.	Grad

Umrechnungsgleichungen: Bezeichnet man die Winkelgröße im Gradmaß mit α und die Winkelgröße im Bogenmaß mit arc α (arcus lat., Bogen), so gilt:

$$\mathbf{arc}\,\alpha = \frac{\pi}{180°} \cdot \alpha \approx \mathbf{0{,}017\,45} \cdot \alpha \quad \text{und} \quad \alpha = \frac{180°}{\pi} \cdot \mathbf{arc}\,\alpha \approx \mathbf{57{,}295\,78°} \cdot \mathbf{arc}\,\alpha\,.$$

Zufallsziffern

Zeile	Spalte 1	6	11	16	21	26	31	36	41	46
1	40653	82715	29835	27852	32191	08941	50090	61628	65483	68626
	20388	02169	45693	90569	04706	17889	05236	26044	69228	97623
	57375	04758	13200	06366	26794	80210	12428	97669	38347	14644
	29285	35386	06306	17756	01889	46567	63690	63322	01017	61988
	83962	35849	08903	05793	96942	95658	46987	27525	65613	52743
6	66069	77855	15735	32548	10974	45251	05650	48448	07123	91208
	88181	96842	04303	54328	24074	47946	86171	07035	01102	13039
	95048	96876	80669	11018	41785	59413	13462	77991	67173	67110
	54896	29949	98441	20674	21872	37943	19470	94930	49602	60368
	67330	86909	12329	30622	48336	40615	89047	01519	28522	10795
11	46523	20927	02553	56011	73696	58072	52382	93454	68062	04286
	02349	65756	96906	12472	63225	76378	70719	86979	79069	87335
	41171	30721	67419	01523	62544	90206	01661	40897	04276	12350
	47476	71046	59731	53044	38860	51080	25567	28590	42538	24039
	80949	37558	59607	86281	78195	34547	64538	55686	17243	14952
16	42544	61262	61917	67009	02129	53738	78084	39678	11714	75672
	78525	59155	17681	27377	53521	87219	21689	38698	36575	38855
	85123	05896	67580	83757	16462	97117	80214	35832	22654	97535
	55625	54556	34184	37696	49685	52220	12043	43907	34623	09100
	32886	56880	00664	92270	95370	68380	40080	88305	32970	27418
21	90245	78149	75928	56698	30673	17850	90999	83915	83790	51120
	95852	27875	23509	08221	78018	33343	78167	44176	43353	20759
	58523	59268	46692	65717	46108	43848	44345	02564	98770	04382
	02091	44328	69638	24757	07074	53044	55039	29285	06272	65713
	45386	46823	39271	56819	57679	82300	44452	38678	08782	40501
26	63403	45072	53838	64968	38927	58665	82977	45721	47508	16489
	91764	22041	14681	13412	90484	32597	61926	62937	70314	09562
	84775	96110	74931	78038	45171	77311	39051	50771	24411	05340
	00684	72931	20561	98505	85582	88178	13299	85881	93058	82880
	74419	83717	02176	91077	22202	26631	62100	41765	24536	24967
31	61317	29832	55744	31002	94051	95486	38471	01157	24471	78669
	41977	67597	56282	17431	57695	67395	68436	90916	09096	93813
	10214	70778	62085	37554	69699	89270	67972	60884	69308	57300
	59174	66491	35653	17796	86621	07090	80557	82156	68647	67575
	40972	92317	37287	92170	45520	85312	15886	00166	91310	20742
36	50859	98860	73847	93671	75457	84486	17553	24646	70496	92346
	80182	46662	49420	21032	31032	95462	29379	28618	60379	87240
	44530	85870	07606	76299	65612	23594	28940	64327	34674	12644
	13869	49069	45952	88431	20573	38782	45150	18252	50247	54242
	30038	56122	13554	03554	22104	47212	21491	45984	44902	53207
41	90616	89917	71773	64981	85522	23626	55851	57164	69873	23091
	41820	68749	22163	40313	09859	23212	06345	07204	57710	53547
	59653	83841	82064	76753	22364	96886	17853	00664	99338	92784
	70559	89219	44858	66573	97933	08784	49282	97784	31554	96917
	12222	04150	30928	08237	16014	68122	98054	95004	94713	41249
46	00862	80639	03290	48441	74768	40968	33732	59771	63843	69580
	28361	92650	64922	29306	59084	73676	64468	49862	91288	13219
	61043	46009	56209	12845	47235	75884	75720	57387	60512	35296
	11048	25187	58211	89139	05366	10889	47076	54450	77124	78444
	98629	82125	41154	99335	77586	16905	34048	38516	40653	30500

Taschenrechner-Einmaleins

Vorbemerkung: Die verschiedenen Gerätetypen tragen zum Teil unterschiedliche Tastensymbole.

Zahlen eingeben	Ziffern von links nach rechts eintasten. ① ②	① 59,86 5 9 , 8 6 ② 0,704 , 7 0 4 Anzeige: [0.704]
• negative Zahlen eingeben +/−	Nach dem Eintasten der Ziffern die Vorzeichenwechseltaste +/− betätigen. ③	③ – 680 6 8 0 +/− Anzeige: [– 680.]
• Zahlen mit abgetrennten Zehnerpotenzen EEX (oder EXP oder EE)	Zahlen mit großer Stellenzahl werden mit abgetrennten Zehnerpotenzen eingegeben. Dabei werden die Zahlen als Produkt aus einem Faktor x im Intervall $1 \leq x < 10$ und einer Zehnerpotenz dargestellt. ④ ⑤	④ 598 700 000 000 5 9 8 7 EEX 8 Anzeige: [5987. 08] oder: [5987. ^{08}] Beim Drücken von = oder einer Operationstaste umspringen auf [5.987 11]. ⑤ 0,000 002 565 3 = $2{,}5653 \cdot 10^{-6}$ 2 , 5 6 5 3 EEX 6 +/− Anzeige: [2.5653 –06]
Zahlen löschen CE·C (oder C)	Einmaliges Betätigen der Löschtaste CE·C bzw. C bewirkt das Löschen der zuletzt eingegebenen Zahl. ① ②	① 319 CE·C löscht 319. ② 319 − 19 CE·C löscht nur die Zahl 19. Ein anderer Subtrahend (im Falle + oder – auch die entgegengesetzte Operation) kann eingegeben werden: 319 − 19 CE·C + 18 = [337.]
• alles löschen AC	Zweimaliges Betätigen der Taste CE·C (oder einmal AC) sichert das Löschen aller eingegebenen Zahlen und Befehle. ③	③ 319 − 19 CE·C CE·C [0.] bzw. 319 − 19 AC [0.]
• Löschen der jeweils letzten Stelle → (oder ▶)	Diese Rücktaste → bzw. ▶ ist nicht bei allen Taschenrechnern vorhanden. Beispiele: ④ ⑤.	④ 219. → löscht 9. Anzeige: [21.] ⑤ 21.9 → → löscht 9 und 1. Anzeige: [2.]
Speichern • Speichertaste x→M (oder MS, STO, M in)	Der Druck auf die Speichertaste befördert eine im Rechenwerk befindliche Zahl in den Speicher. Befindet sich schon eine Zahl im Speicher, so wird diese Zahl durch die neu eingespeicherte Zahl verdrängt. ①	① 152 x→M [M 152.] 153 x→M [M 153.] oder 152 M in [152. ^{M}]
• Rückruftaste MR (oder RCL)	Mit der Speicherrückruftaste wird eine gespeicherte Zahl in das Rechenwerk zurückgeholt. ②	② [M 153.] 15 + MR = [M 168.] Im Speicher verbleibt weiter 153.
• Saldiertaste M+ (oder 2nd Sum)	Mit der Saldiertaste kann im Speicher addiert oder subtrahiert werden. ③	③ 152 x→M [M 152.] 35 M+ [M 35.] Im Speicher befindet sich dann die Zahl 187. Wird anschließend z. B. die Zahl – 19 eingetastet und saldiert, so erhält man über den Rückruf MR das Ergebnis: 168. … 19 +/− M+ MR [M 168.]

Vorrang-automatik	Die Rechner sind mit einer Vorrangautomatik ausgestattet, d. h. der Vorrang des Potenzierens (3. Stufe) vor der Multiplikation/Division (2. Stufe) und weiter vor Addition/Subtraktion (1. Stufe) wird beachtet. ① ③ Soll davon abgewichen werden, müssen die Klammertasten betätigt werden. ②	**„Punktrechnung vor Strichrechnung“** ① $25 + 73 \cdot 18 - 6$ 25 `+` 73 `×` 18 `−` 6 `=` [1 333.] ② $(25 + 73) \cdot 18 - 6$ `(` 25 `+` 73 `)` `×` … … 18 `−` 6 `=` [1 758.] ③ $32 + 3 \cdot 6^5$ 32 `+` 3 `×` 6 `yˣ` 5 `=` [23 360.]

Prozent-taste `%`

Gesucht ist der	Prozentwert	Prozentsatz	Grundwert
$\frac{W}{p} = \frac{G}{100}$	$W = \frac{p \cdot G}{100}$ p `×` G `%` `=`	$p = \frac{W \cdot 100}{G}$ W `÷` G `%` `=`	$G = \frac{W \cdot 100}{p}$ W `÷` p `%` `=`

Quadrieren `x²` **Quadratwurzel ziehen** `√`	Das Ergebnis wird jeweils ohne Betätigung der Taste `=` angezeigt. ① ② ③	① $7{,}29^2$ ② $(-3{,}91)^2$ ③ $\sqrt{7{,}29}$	7,29 `x²` [53.144 1] 3,91 `x²` [15.288 1] 7,29 `√` [2.7]
Potenzieren `yˣ` `=`	Basis eintasten, Operationstaste betätigen, den Exponenten eingeben und die Ergebnistaste `=` drücken. ①	① $2{,}369^{6,5}$	2,369 `yˣ` 6,5 `=` [272.0651375]
Radizieren `yˣ` `1/x` `=` oder `SHIFT` `xʸ` ($x^{1/y}$) `=` oder `2nd` `xʸ` ($x^{1/y}$) `=`	Beim Radizieren kann die Potenztaste `yˣ` in Verbindung mit der Kehrwerttaste `1/x` angewendet werden ② oder mit `SHIFT` bzw. `2nd` oder `F` die doppelt belegte Taste `xʸ` ($x^{1/y}$) ③ .	② $\sqrt[5]{29{,}8}$ ③ $\sqrt[5]{29{,}8}$	29,8 `yˣ` 5 `1/x` `=` [1.97171097] 29,8 `SHIFT` `xʸ` ($x^{1/y}$) 5 `=` [1.97171079]
Logarithmieren `ln` `lg` (`log`)	Numerus eingeben und Funktionstaste drücken. Das Ergebnis wird sofort angezeigt. ① ②	① ln 523 ② lg 523	523 `ln` [6.259 581 4] 523 `lg` [2.718 501 7]
Aufsuchen des Numerus (Doppelbelegung beachten)	Den Logarithmus eingeben, die Umschalttaste betätigen und je nach Basis des Logarithmensystems die entsprechende Taste drücken. ③	③ Gesucht ist x zu $\log x = 1{,}751$. 1,751 `SHIFT` `log` (10^x) bzw. `2nd` oder `F` [56.363 765 6]	
Winkel-funktionswerte `sin` `cos` `tan` • Aufsuchen des Funktionswertes	Grundsatz: Zuerst DEG/RAD/GRD in die geforderte Stellung bringen. DEG → Winkel im Gradmaß RAD → Winkel im Bogenmaß GRD → Winkel in Neugrad Dann den Winkel eintasten. ① ② ③	① sin 37,5° ② cos 251° ③ $\cos\left(-\frac{3}{4}\pi\right)$	`DEG` 37,5 `sin` [0.608 76] `DEG` 251 `cos` [−0.325 56] `RAD` 3 `÷` 4 `×` `π` … … `=` `+/−` `cos` … … [−0.707 107]
• Aufsuchen der Winkelgrößen (Doppelbelegung nutzen)	Auch hierbei zunächst den Umschalter „DEG/RAD/GRD“ in die erforderliche Stellung bringen. Dann den Funktionswert eintasten. ④ (Gegebenenfalls die Quadrantenbeziehungen anwenden!)	④ $\sin x = 0{,}2536$ `DEG` 0,2536 `SHIFT` `sin` ($\sin^{-1}$) [14.6906]; $x \approx 14{,}7°$ bzw. `RAD` 0,2536 `SHIFT` `sin` ($\sin^{-1}$) [0.2564]; $x \approx 0{,}26$ rad	

Mathematische Formeln

Prozentrechnung, Zinsrechnung, Termumformungen

Prozent	Zu berechnen ist W	Zu berechnen ist $p\,\%$	Zu berechnen ist G
• Dreisatz	$100\,\% \triangleq G$ $1\,\% \triangleq \frac{G}{100}$ $p\,\% \triangleq p \cdot \frac{G}{100} = W$	$G \triangleq 100\,\%$ $1 \triangleq \frac{100\,\%}{G}$ $W \triangleq \frac{100\,\%}{G} \cdot W = p\,\%$	$p\,\% \triangleq W$ $1\,\% \triangleq \frac{W}{p}$ $100\,\% \triangleq \frac{W}{p} \cdot 100 = G$
• Formel	$W = p \cdot \frac{G}{100}$	$p = \frac{100}{G} \cdot W$	$G = \frac{W}{p} \cdot 100$
• Proportion	$\frac{W}{p} = \frac{G}{100}$	Bei Anwendung auf die Zinsrechnung (1 Jahr Laufzeit):	$\frac{Z}{p} = \frac{K}{100}$

Einige Prozentsätze	$8\frac{1}{3}\,\%$	$12\frac{1}{2}\,\%$	$16\frac{2}{3}\,\%$	$20\,\%$	$25\,\%$	$33\frac{1}{3}\,\%$	$50\,\%$	$66\frac{2}{3}\,\%$	$75\,\%$
Anteile von G	$\frac{1}{12}$	$\frac{1}{8}$	$\frac{1}{6}$	$\frac{1}{5}$	$\frac{1}{4}$	$\frac{1}{3}$	$\frac{1}{2}$	$\frac{2}{3}$	$\frac{3}{4}$

Zinsen

ein Jahr	m Monate	t Tage
$Z = \frac{p \cdot K}{100}$	$Z = \frac{p \cdot K \cdot m}{12 \cdot 100}$	$Z = \frac{p \cdot K \cdot t}{100 \cdot 360}$

Zinseszins

Das Kapital K wächst nach n Jahren auf K_n:

n	1	2	…	n
K_n	$K\left(1+\frac{p}{100}\right)$	$K\left(1+\frac{p}{100}\right)^2$	…	$K\left(1+\frac{p}{100}\right)^n$

Mittelwerte

Arithmetisches Mittel A_m:	Geometrisches Mittel G_m:
• bei 2 Größen $A_m = \frac{a_1 + a_2}{2}$	• bei 2 Größen $G_m = \sqrt{a_1 \cdot a_2}$
• bei n Größen $A_m = \frac{a_1 + a_2 + \ldots + a_n}{n}$	• bei n Größen $G_m = \sqrt[n]{a_1 \cdot a_2 \ldots a_n}$

Auflösen von Klammern

$a + (b + c) = a + b + c$ $a - (b + c) = a - b - c$	$a + (b - c) = a + b - c$ $a - (b - c) = a - b + c$

Ausmultiplizieren Dividieren

$a\,(b + c) = ab + ac$ $a\,(b - c) = ab - ac$	$(a + b)\,(c + d) = ac + ad + bc + bd$ $(a - b)\,(c - d) = ac - ad - bc + bd$ $(a + b)\,(c - d) = ac - ad + bc - bd$ $(a - b)\,(c + d) = ac + ad - bc - bd$	$(a \pm b) : c = \frac{a}{c} \pm \frac{b}{c}$ $(c \neq 0)$

Binomische Formeln

$(a + b)^2 = a^2 + 2ab + b^2$; $(a - b)^2 = a^2 - 2ab + b^2$; $(a + b)\,(a - b) = a^2 - b^2$

Bedeutung der verwendeten Zeichen:

G	Grundwert ($G \triangleq 100\,\%$);	W	Prozentwert;	$p\,\%$	Prozentsatz;
K	Kapital ($K \triangleq 100\,\%$);	Z	Zinsen;	$p\,\%$	Zinssatz (auch „Zinsfuß“);
m	Anzahl der Monate;	t	Anzahl der Tage;	n	Anzahl der Jahre bei Zinseszins.

Direkte Proportionalität; umgekehrte (indirekte) Proportionalität (Antiproportionalität)

Direkte Proportionalität	**Umgekehrte (indirekte) Proportionalität**
Gilt bei einer Zuordnung → wachsend/fallend $\begin{array}{c\|cccc} x & x_1 & x_2 & x_3 & \dots \\ \hline y & y_1 & y_2 & y_3 & \dots \end{array}$ die Gleichung $\frac{y}{x} = k$ → wachsend/fallend mit $x \neq 0$, $k \neq 0$ bzw. $\boldsymbol{y = k \cdot x}$ $(k \neq 0)$ für alle Paare $(x_i; y_i)$, so liegt (direkte) Proportionalität vor; man schreibt: $\boldsymbol{y \sim x}$.	Gilt bei einer Zuordnung → wachsend/fallend $\begin{array}{c\|cccc} x & x_1 & x_2 & x_3 & \dots \\ \hline y & y_1 & y_2 & y_3 & \dots \end{array}$ die Gleichung $\boldsymbol{y \cdot x = k}$ ← fallend/wachsend mit $k \neq 0$ für alle Paare $(x_i; y_i)$, so liegt umgekehrte Proportionalität vor; man schreibt: $\boldsymbol{y \sim \frac{1}{x}}$.
Gegeben: x_1, y_1, x_2 Gesucht: y_2 • Berechnung mit **Verhältnisgleichung** Aus $\frac{x_1}{y_1} = \frac{x_2}{y_2}$ folgt $y_2 = \frac{x_2 \cdot y_1}{x_1}$. • Berechnung mit **Dreisatz:** x_1 entspricht y_1 Schluss auf 1: 1 entspricht $\frac{y_1}{x_1}$ x_2 entspricht $\frac{y_1}{x_1} \cdot x_2$ Daraus folgt: $y_2 = \frac{y_1}{x_1} \cdot x_2$.	Gegeben: x_1, y_1, x_2 Gesucht: y_2 • Berechnung mit **Produktgleichung** Aus $x_1 \cdot y_1 = x_2 \cdot y_2$ folgt $y_2 = \frac{x_1 \cdot y_1}{x_2}$. • Berechnung mit **Dreisatz:** x_1 entspricht y_1 Schluss auf 1: 1 entspricht $y_1 \cdot x_1$ x_2 entspricht $\frac{y_1 \cdot x_1}{x_2}$ Daraus folgt: $y_2 = \frac{y_1 \cdot x_1}{x_2}$.

Lineare Gleichungen; lineare Gleichungssysteme

Lineare Gleichungen mit einer Variablen x ($x \in \mathbb{R}$)

Normalform: $ax + b = 0$ (a und b Konstanten; $a \neq 0$) Lösung: $x = -\frac{b}{a}$

Systeme aus zwei linearen Gleichungen mit zwei Variablen x und y ($x; y \in \mathbb{R}$)

$$\begin{array}{ll} \text{(I)} & a_1x + b_1y = c_1 \\ \text{(II)} & a_2x + b_2y = c_2 \end{array}$$

Ein lineares Gleichungssystem mit zwei Variablen hat entweder genau ein Zahlenpaar als Lösung ① oder keine Lösung ② oder unendlich viele Zahlenpaare als Lösungen ③.

Rechnerische Lösung:

Einsetzungsverfahren: Eine Gleichung nach einer Variablen auflösen; dann für diese Variable den Wert in die zweite Gleichung einsetzen.

Gleichsetzungsverfahren: Beide Gleichungen nach x (oder nach y) auflösen; dann beide Gleichungen gleichsetzen.

Additionsverfahren: Dafür sorgen, dass eine Variable in beiden Gleichungen denselben Koeffizienten hat – eventuell äquivalent umformen – und dann eine Gleichung von der anderen subtrahieren.

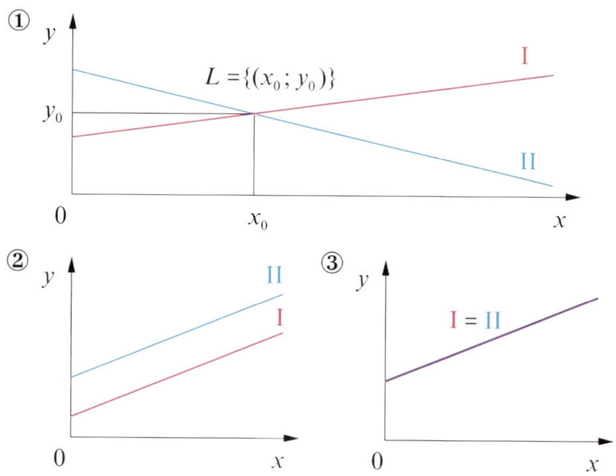

Lineare Ungleichungen

Für reelle Zahlen a, b, c gilt:

① Wenn $a < b$, so $b > a$.

② Wenn $a < b$ und $b < c$, so $a < c$.

③ Wenn $a < b$, so $a + c < b + c$.

④ Wenn $a < b$, so $a - c < b - c$.

⑤ Wenn $a < b$ und $c > 0$, so $a \cdot c < b \cdot c$ und $\frac{a}{c} < \frac{b}{c}$.

⑥ Wenn $a < b$ und $c < 0$, so $a \cdot c > b \cdot c$ und $\frac{a}{c} > \frac{b}{c}$.

⑦ Wenn $a < b$ und $a > 0$, $b > 0$, so $\frac{1}{a} > \frac{1}{b}$.

Lineare Funktionen

$y = f(x) = mx + n \quad (m, n \in \mathbb{R}; m \neq 0)$

m Anstieg des Graphen; der Graph ist eine Gerade

n Ordinate des Schnittpunktes des Graphen mit der Ordinatenachse $[P(0; n)]$

α Schnittwinkel des Graphen mit der Abszissenachse

$m = \frac{f(x_1) - f(x_2)}{x_1 - x_2} \quad (x_1 \neq x_2)$; $m = \tan \alpha \; (\alpha \neq 90°)$

$m > 0$ Funktion ist monoton wachsend

$m < 0$ Funktion ist monoton fallend

Nullstelle x_0: $x_0 = -\frac{n}{m}$

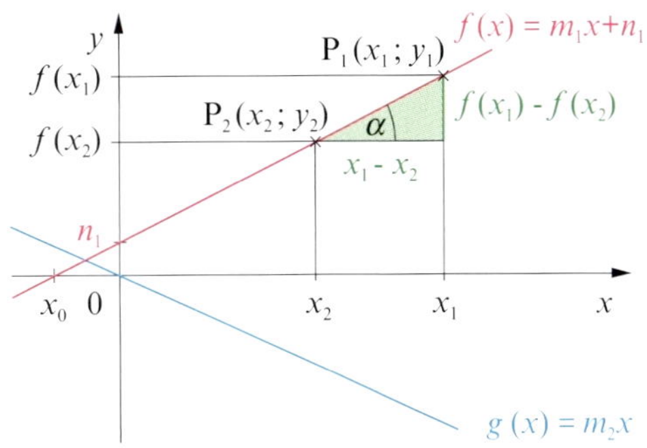

Quadratische Gleichungen

Allgemeine Form: $ax^2 + bx + c = 0 \quad (a, b, c \in \mathbb{R}; a \neq 0; a, b, c$ Konstanten)

Lösungen: $x_{1,2} = -\frac{b}{2a} \pm \sqrt{\frac{b^2 - 4ac}{4a^2}}$, falls $b^2 - 4ac \geq 0$

Normalform: $x^2 + px + q = 0 \quad (p, q \in \mathbb{R}; p, q$ Konstanten)

Lösungen: $x_{1,2} = -\frac{p}{2} \pm \sqrt{\left(\frac{p}{2}\right)^2 - q}$, falls $\left(\frac{p}{2}\right)^2 - q \geq 0$

Diskriminante: $D = \left(\frac{p}{2}\right)^2 - q$

Die Diskriminante gibt Aufschluss
- über die Anzahl der Lösungen von quadratischen Gleichungen der Form $x^2 + px + q = 0$
- bzw. über die Anzahl der Nullstellen von quadratischen Funktionen $y = x^2 + px + q$.

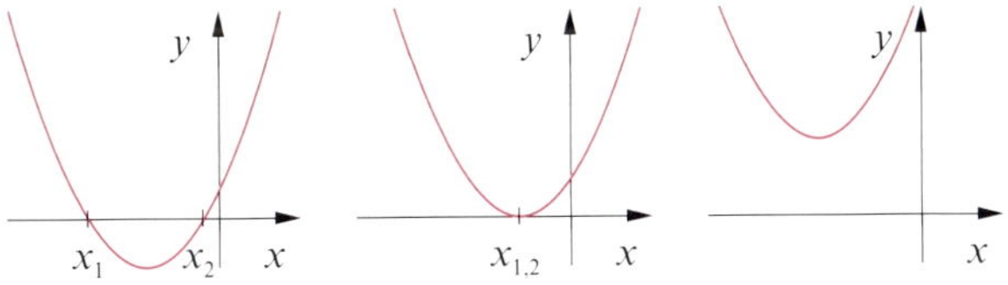

$D > 0$: Zwei Lösungen bzw. zwei Nullstellen.

$D = 0$: Genau eine Lösung bzw. genau eine Nullstelle.

$D < 0$: Keine Lösung bzw. keine Nullstelle.

Zerlegung in Linearfaktoren: $x^2 + px + q = (x - x_1)(x - x_2) = 0$

Satz von Vieta: $p = -(x_1 + x_2)$; $q = x_1 \cdot x_2$

} x_1, x_2 sind Lösungen

Sonderfälle und ihre Lösungen:	$x^2 + px = 0$ $x(x + p) = 0$	$\begin{cases} x_1 = 0 \\ x_2 = -p \end{cases}$	$x^2 + q = 0 \; (q \leq 0)$	$\begin{cases} x_1 = \sqrt{-q} \\ x_2 = -\sqrt{-q} \end{cases}$

Quadratische Funktionen

$y = f(x) = ax^2 + bx + c$ $(a, b, c \in \mathbb{R};\ a \neq 0)$

ax^2 Quadratisches Glied der Gleichung
bx Lineares Glied der Gleichung
c Absolutes Glied der Gleichung

Der Graph ist eine quadratische Parabel
- nach oben geöffnet, wenn $a > 0$,
- nach unten geöffnet, wenn $a < 0$.

Scheitelpunkt der Parabel: $S\left(-\frac{b}{2a};\ \frac{4ac - b^2}{4a}\right)$

Nullstellen:
(falls $b^2 - 4ac \geq 0$) $x_{1,2} = -\frac{b}{2a} \pm \sqrt{\frac{b^2 - 4ac}{4a^2}}$

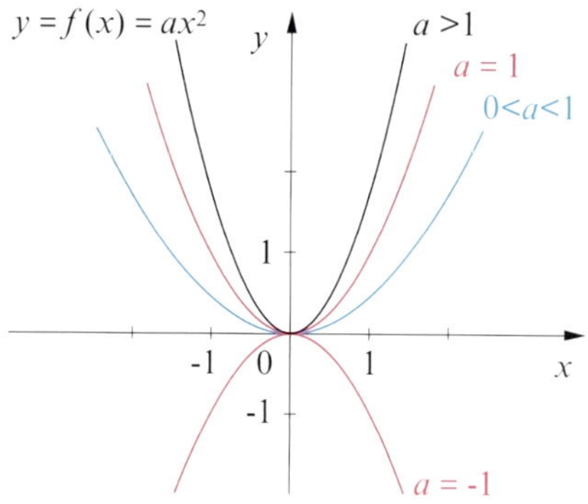

$y = f(x) = x^2 + px + q$ $(p, q \in \mathbb{R})$ (Normalform)

Der Graph ist eine Normalparabel mit dem

Scheitelpunkt: $S\left(-\frac{p}{2};\ -\frac{p^2}{4} + q\right)$

Nullstellen:
(falls $p^2 - 4q \geq 0$) $x_{1,2} = -\frac{p}{2} \pm \sqrt{\frac{p^2 - 4q}{4}}$; $x_{1,2} = -\frac{p}{2} \pm \sqrt{\left(\frac{p}{2}\right)^2 - q}$

Diskriminante: $D = \frac{p^2}{4} - q$ $\begin{cases} D > 0: & \text{2 Nullstellen} \\ D = 0: & \text{genau eine Nullstelle} \\ D < 0: & \text{keine Nullstelle} \end{cases}$

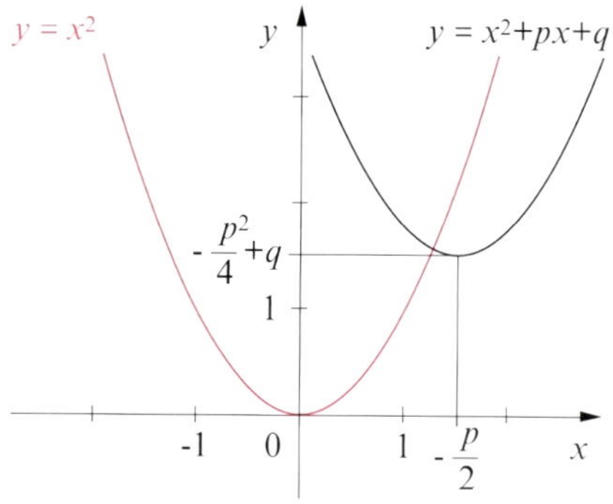

Sonderfälle und ihre Scheitelpunktskoordinaten	$y = x^2$	$y = (x + d)^2$	$y = (x + d)^2 + e$
	$S\,(0; 0)$	$S\,(-d; 0)$	$S\,(-d; e)$

Potenzfunktionen $y = f(x) = x^n$

$y = x^n$ $(n \in \mathbb{Z})$	**n nicht negativ**	**n negativ** $(x \neq 0)$
***n* gerade Zahl** Graphen axialsymmetrisch zur y-Achse $f(-x) = f(x)$	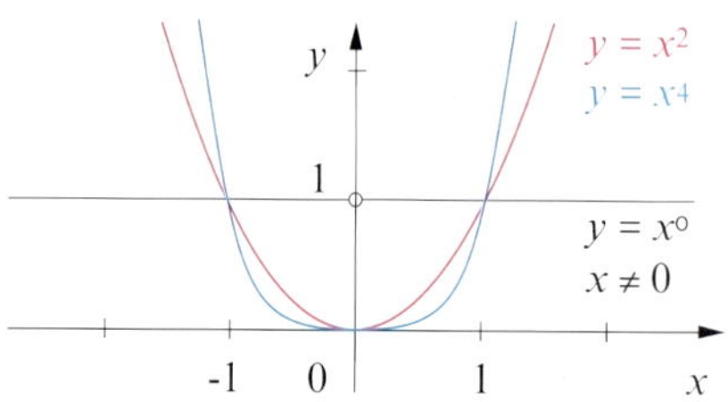	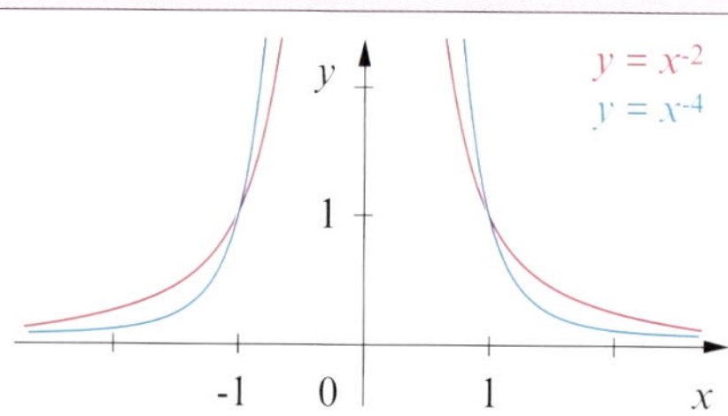
***n* ungerade Zahl** Graphen zentralsymmetrisch zum Koordinatenursprung $f(-x) = -f(x)$	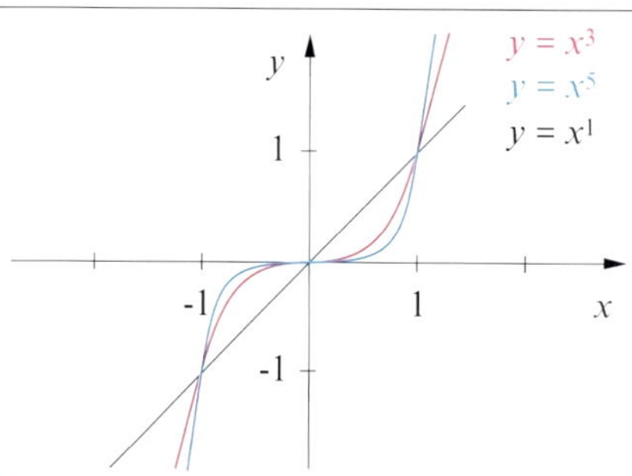	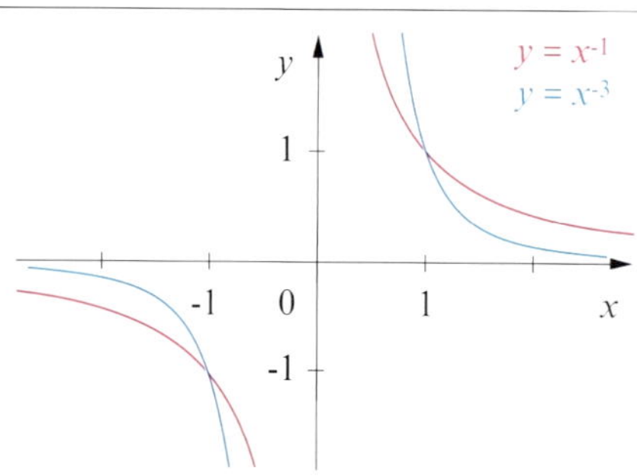

Wurzelfunktionen

Die Wurzelfunktionen $y = g(x) = \sqrt[n]{x}$ $(x \geq 0;\ n \in \mathbb{N};\ n \geq 2)$ sind Umkehrfunktionen spezieller Potenzfunktionen: $y = f(x) = x^n$ $(n \in \mathbb{N};\ n \geq 2;\ x \geq 0)$

Für $y = f(x) = x^2$ $(x \in \mathbb{R})$ erhält man folgende Umkehrfunktionen
$f_1(x) = x^2\ (x \geq 0) \rightarrow g_1(x) = \sqrt{x}\ (x \geq 0)$,
$f_2(x) = x^2\ (x \leq 0) \rightarrow g_2(x) = -\sqrt{x}\ (x \geq 0)$.

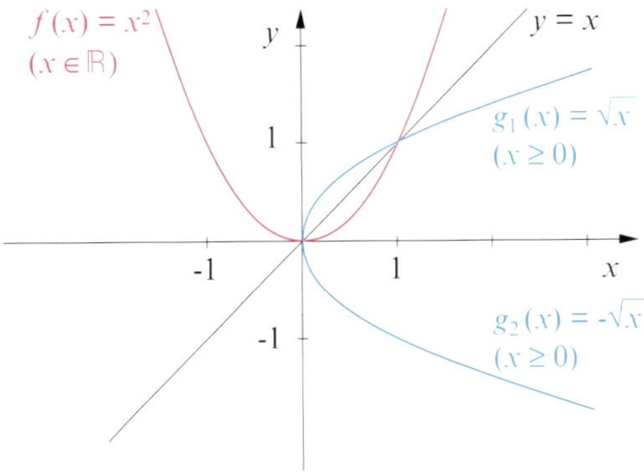

Für $y = f(x) = x^3$ $(x \in \mathbb{R})$ erhält man folgende Umkehrfunktionen
$f_1(x) = x^3\ (x \geq 0) \rightarrow g_1(x) = \sqrt[3]{x}\ (x \geq 0)$,
$f_2(x) = x^3\ (x \leq 0) \rightarrow g_2(x) = -\sqrt[3]{-x}\ (x \leq 0)$.

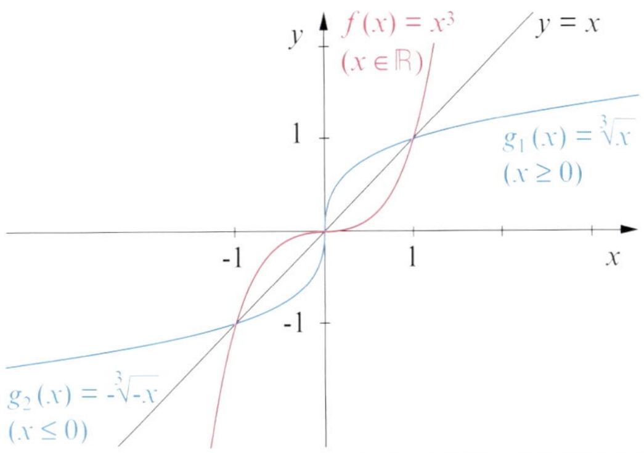

Exponentialfunktionen; Logarithmusfunktionen

$\boldsymbol{y = f(x) = a^x}$ $(a > 0;\ a \neq 1)$	$\boldsymbol{y = f(x) = \log_a x}$ $(a > 0;\ a \neq 1)$

Die Logarithmusfunktion $y = g(x) = \lg x$ ist die Umkehrfunktion der Exponentialfunktion $y = f(x) = 10^x$.

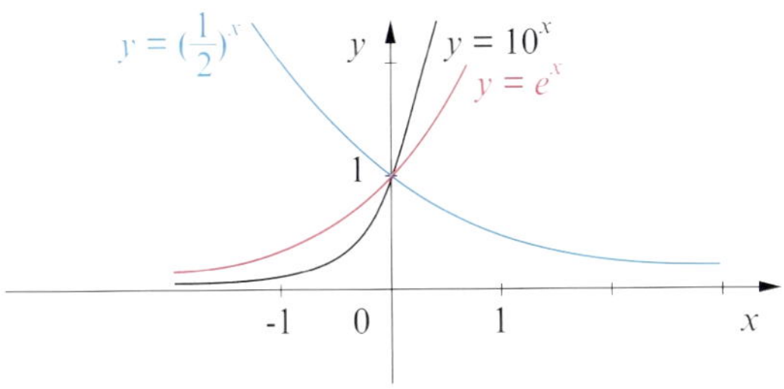

Es gelte: $\log_{10} x = \lg x$.
$\log_e x = \ln x$.

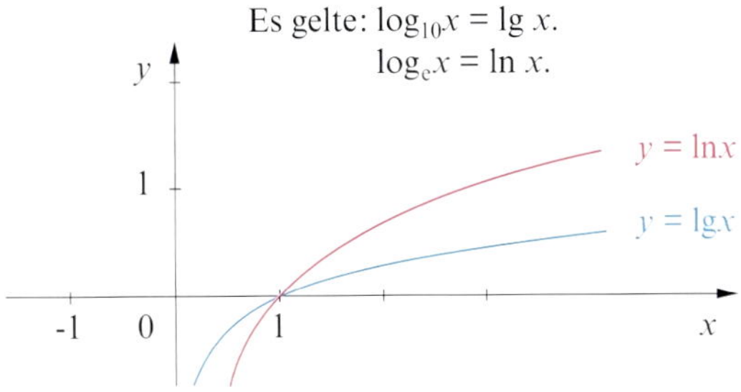

Gemeinsamer Punkt der Graphen aller Exponentialfunktionen ist $P\ (0;\ 1)$.
Exponentialfunktionen haben keine Nullstellen.

Gemeinsamer Punkt der Graphen aller Logarithmusfunktionen ist $P\ (1;\ 0)$.
Gemeinsame Nullstelle: $x_0 = 1$.

Exponentialgleichungen; Logarithmusgleichungen

$\boldsymbol{a^x = b}$ $(a > 0;\ a \neq 1;\ b > 0)$

Lösung: $x = \dfrac{\lg b}{\lg a}$

oder auch $x = \dfrac{\ln b}{\ln a}$

(je nach verwendetem Logarithmensystem)

Taschenrechner: b [log] [÷] a [log] [=]

$\boldsymbol{\log_a x = b}$ $(a > 0;\ a \neq 1)$

Die Aufgabe $a \cdot \lg x = b$ führt auf $\lg x = \dfrac{b}{a}$.

Zur Lösung mit dem Taschenrechner:
b [÷] a [=] [SHIFT] [log] (↗ S. 16)

Übergang aus einem beliebigen Logarithmensystem a zu Zehnerlogarithmen: $\log_a c = \dfrac{\lg c}{\lg a}$.

Winkelfunktionen

Für $x \in \mathbb{R}$; $r, u, v \in \mathbb{R}$; $r > 0$ gilt:

$y = \sin x$; $\sin x := \frac{v}{r}$

$y = \cos x$; $\cos x := \frac{u}{r}$

$y = \tan x$; $\tan x := \frac{\sin x}{\cos x}$ $\left(x \neq (2k + 1)\,\frac{\pi}{2}\right)$

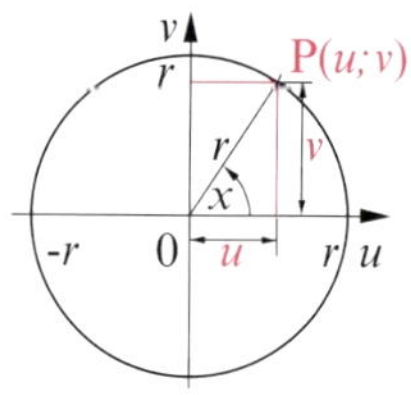

Die Winkelfunktionen im Einheitskreis:

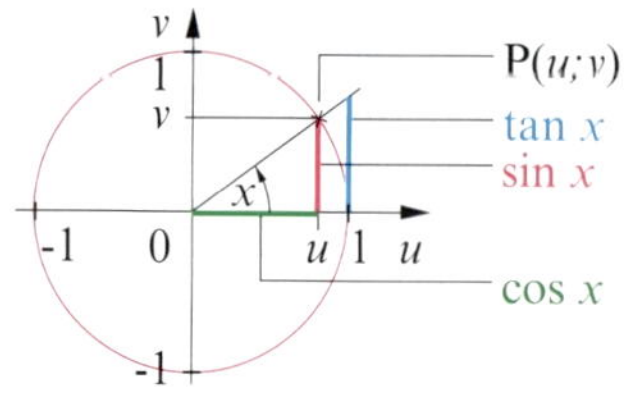

Komplementwinkelbeziehung:
$\sin x = \cos(90° - x)$; $\cos x = \sin(90° - x)$;
$\sin^2 x + \cos^2 x = 1$

Im rechtwinkligen Dreieck ABC mit $\sphericalangle ACB = 90°$ gilt:

$\sin\alpha = \frac{a}{c}$ $\left(\frac{\text{Gegenkathete}}{\text{Hypotenuse}}\right)$

$\cos\alpha = \frac{b}{c}$ $\left(\frac{\text{Ankathete}}{\text{Hypotenuse}}\right)$; $\tan\alpha = \frac{a}{b}$ $\left(\frac{\text{Gegenkathete}}{\text{Ankathete}}\right)$

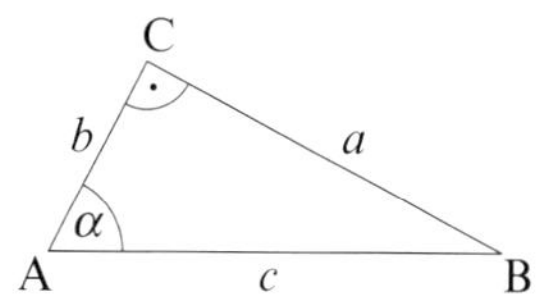

Spezielle Funktionswerte der Winkelfunktionen

x	0	$\frac{\pi}{6}$	$\frac{\pi}{4}$	$\frac{\pi}{3}$	$\frac{\pi}{2}$	$\frac{2\pi}{3}$	$\frac{3\pi}{4}$	$\frac{5\pi}{6}$	π	$\frac{5\pi}{4}$	$\frac{3\pi}{2}$	2π
	0°	30°	45°	60°	90°	120°	135°	150°	180°	225°	270°	360°
$\sin x$	0	$\frac{1}{2}$	$\frac{1}{2}\sqrt{2}$	$\frac{1}{2}\sqrt{3}$	1	$\frac{1}{2}\sqrt{3}$	$\frac{1}{2}\sqrt{2}$	$\frac{1}{2}$	0	$-\frac{1}{2}\sqrt{2}$	-1	0
$\cos x$	1	$\frac{1}{2}\sqrt{3}$	$\frac{1}{2}\sqrt{2}$	$\frac{1}{2}$	0	$-\frac{1}{2}$	$-\frac{1}{2}\sqrt{2}$	$-\frac{1}{2}\sqrt{3}$	-1	$-\frac{1}{2}\sqrt{2}$	0	1
$\tan x$	0	$\frac{1}{3}\sqrt{3}$	1	$\sqrt{3}$	–	$-\sqrt{3}$	-1	$-\frac{1}{3}\sqrt{3}$	0	1	–	0

Periodizität der Sinus- und Kosinusfunktion

$\sin(x + k \cdot 360°) = \sin x$ $(k \in \mathbb{Z})$; $\sin(-x) = -\sin x$

$\cos(x + k \cdot 360°) = \cos x$ $(k \in \mathbb{Z})$; $\cos(-x) = \cos x$

Quadrantenbeziehungen der Sinus- und Kosinusfunktion

II. Quadrant	III. Quadrant	IV. Quadrant
$\sin(180° - x) = \sin x$ $\cos(180° - x) = -\cos x$	$\sin(180° + x) = -\sin x$ $\cos(180° + x) = -\cos x$	$\sin(360° - x) = -\sin x$ $\cos(360° - x) = \cos x$

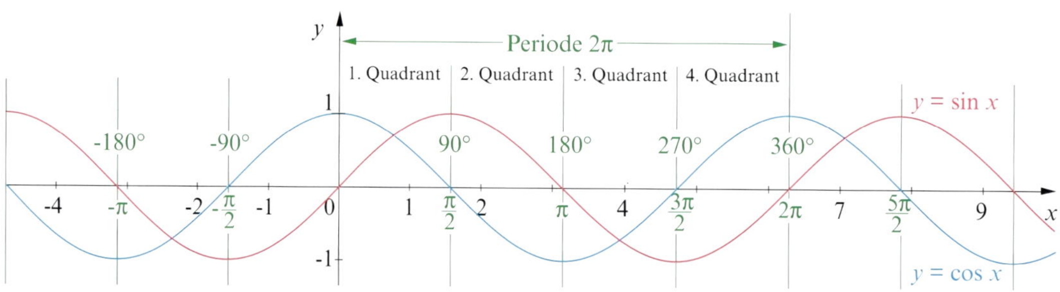

Periodizität und Quadrantenbeziehungen der Tangensfunktion

$\tan(x + k \cdot 180°) = \tan x \quad (k \in \mathbb{Z};\ x \neq 90° + k \cdot 180°);\quad \tan(-x) = -\tan x$

II. Quadrant	III. Quadrant	IV. Quadrant
$\tan(180° - x) = -\tan x$	$\tan(180° + x) = \tan x$	$\tan(360° - x) = -\tan x$

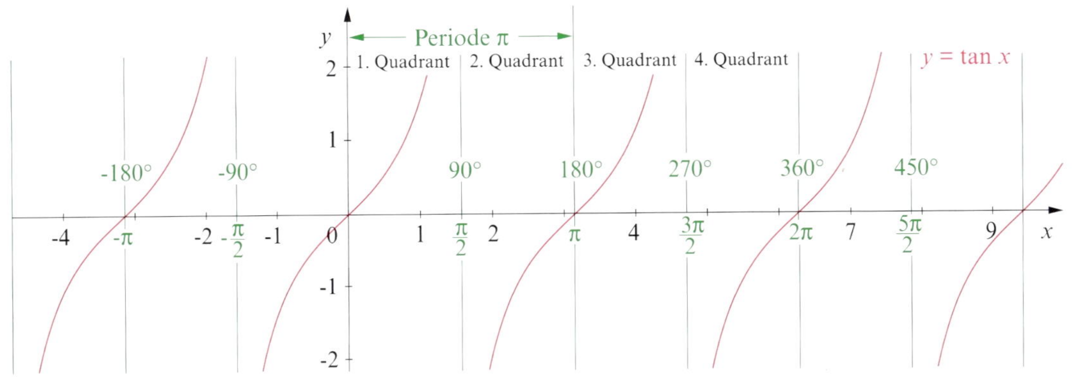

Die Funktion $y = a \cdot \sin(bx + c)$

Funktion	$y = \sin x$	$y = a \cdot \sin x$	$y = \sin(bx)$	$y = \sin(x + c)$	$y = a \cdot \sin(bx + c)$
kleinste Periode	2π	2π	$\frac{2\pi}{\lvert b \rvert}$	2π	$\frac{2\pi}{\lvert b \rvert}$
Nullstellen $k \in \mathbb{Z}$	$k \cdot \pi$	$k \cdot \pi$	$k \cdot \frac{\pi}{b}$	$k\pi - c$	$\frac{k\pi - c}{b}$

Darstellung einer Winkelfunktion durch eine andere Funktion desselben Winkels

$\sin^2 x + \cos^2 x = 1$	$\sin^2 x = 1 - \cos^2 x$ $\sin^2 x = \frac{\tan^2 x}{1 + \tan^2 x}$	$\cos^2 x = 1 - \sin^2 x$ $\cos^2 x = \frac{1}{1 + \tan^2 x}$	$\tan^2 x = \frac{\sin^2 x}{1 - \sin^2 x}$ $\tan^2 x = \frac{1 - \cos^2 x}{\cos^2 x}$

Additionstheoreme

$\sin(\alpha + \beta) = \sin\alpha \cdot \cos\beta + \cos\alpha \cdot \sin\beta$ $\cos(\alpha + \beta) = \cos\alpha \cdot \cos\beta - \sin\alpha \cdot \sin\beta$ $\tan(\alpha + \beta) = \frac{\tan\alpha + \tan\beta}{1 - \tan\alpha \cdot \tan\beta}$	$\sin(\alpha - \beta) = \sin\alpha \cdot \cos\beta - \cos\alpha \cdot \sin\beta$ $\cos(\alpha - \beta) = \cos\alpha \cdot \cos\beta + \sin\alpha \cdot \sin\beta$ $\tan(\alpha - \beta) = \frac{\tan\alpha - \tan\beta}{1 + \tan\alpha \cdot \tan\beta}$

Summen/Differenzen sowie Funktionen des doppelten und des halben Winkels

$\sin\alpha + \sin\beta = 2 \cdot \sin\frac{\alpha + \beta}{2} \cos\frac{\alpha - \beta}{2}$ $\cos\alpha + \cos\beta = 2 \cdot \cos\frac{\alpha + \beta}{2} \cos\frac{\alpha - \beta}{2}$	$\sin\alpha - \sin\beta = 2 \cdot \cos\frac{\alpha + \beta}{2} \sin\frac{\alpha - \beta}{2}$ $\cos\alpha - \cos\beta = -2 \cdot \sin\frac{\alpha + \beta}{2} \sin\frac{\alpha - \beta}{2}$
$\sin 2x = 2 \cdot \sin x \cos x = \frac{2 \cdot \tan x}{1 + \tan^2 x}$ $\cos 2x = \cos^2 x - \sin^2 x = 1 - 2 \cdot \sin^2 x$ $= 2 \cdot \cos^2 x - 1$	$\sin\frac{x}{2} = \sqrt{\frac{1 - \cos x}{2}}$ $\quad \tan\frac{x}{2} = \sqrt{\frac{1 - \cos x}{1 + \cos x}}$ $\cos\frac{x}{2} = \sqrt{\frac{1 + \cos x}{2}}$

Potenzen

Definitionen für a^k $a \in \mathbb{R}$ (↗ Rechenoperationen, S. 6)	
Wenn k eine natürliche Zahl größer 1 ist, gilt Wenn $k = 1$ ist, gilt Wenn $k = 0$ und $a \neq 0$ ist, gilt Ferner gilt für beliebige k, ausgenommen $k = 0$:	$a^k = a \cdot a \cdot \ldots \cdot a$ (k Faktoren a). $a^1 = a$. $a^0 = 1$. (0^0 ist nicht erklärt.) $0^k = 0$.
Wenn k eine natürliche Zahl größer 0 und $a \neq 0$ ist, gilt:	$a^{-k} = \frac{1}{a^k}$.
Wenn $k = \frac{p}{q}$ mit $p \in \mathbb{Z}$, $q \in \mathbb{N}$ und $q \neq 0$ sowie $a \in \mathbb{R}$ und $a > 0$, gilt im Fall $p = 1$ ergibt sich	$a^{\frac{p}{q}} = (a^p)^{\frac{1}{q}} = \sqrt[q]{a^p}$; $a^{\frac{1}{q}} = \sqrt[q]{a}$.

Potenzgesetze ($a, b \in \mathbb{R}$ und $a \neq 0$; $b \neq 0$ sowie $m, n \in \mathbb{Z}$ oder
$a, b \in \mathbb{R}$ und $a > 0$; $b > 0$ sowie $m, n \in \mathbb{R}$)

① $a^m \cdot a^n = a^{m+n}$

② $\frac{a^m}{a^n} = a^{m-n}$

③ $a^m \cdot b^m = (a \cdot b)^m$

④ $\frac{a^m}{b^m} = \left(\frac{a}{b}\right)^m$

⑤ $(a^m)^n = a^{m \cdot n}$

Wurzeln

Definition von $\sqrt[n]{a}$ (↗ Rechenoperationen, S. 6)

Ist a eine nichtnegative reelle Zahl und n eine natürliche Zahl mit $n \geq 1$, so ist $\sqrt[n]{a}$ diejenige nichtnegative reelle Zahl b, für die $b^n = a$ gilt.

Wurzelgesetze ($a, b \in \mathbb{R}$; $a \geq 0$; $b \geq 0$ sowie $m, n \in \mathbb{N}$; $m \geq 1$, $n \geq 1$)

① $\sqrt[n]{a} \cdot \sqrt[n]{b} = \sqrt[n]{ab}$

② $\frac{\sqrt[n]{a}}{\sqrt[n]{b}} = \sqrt[n]{\frac{a}{b}}$ (für $b > 0$)

③ $\sqrt[n]{\sqrt[m]{a}} = \sqrt[m]{\sqrt[n]{a}} = \sqrt[nm]{a}$

④ $\left(\sqrt[n]{a}\right)^m = \sqrt[n]{a^m}$

Logarithmen

Definition für $\log_a b$ (↗ Rechenoperationen, S. 6)

Ist a eine positive reelle Zahl, für die $a \neq 1$ gilt, und ist b eine positive reelle Zahl, so ist $\log_a b$ diejenige reelle Zahl c, für die $a^c = b$ gilt.
Es gelten: $\log_a 1 = 0$, $\log_a a = 1$, $a^{\log_a b} = b$. ($\log_1 a$ ist nicht erklärt.)

Logarithmengesetze ($b, b_1, b_2 > 0$; r beliebig reell; $a > 0$ und $a \neq 1$)

① $\log_a (b_1 \cdot b_2) = \log_a b_1 + \log_a b_2$

② $\log_a \left(\frac{b_1}{b_2}\right) = \log_a b_1 - \log_a b_2$

③ $\log_a b^r = r \cdot \log_a b$

④ $\log_a \sqrt[n]{b} = \frac{1}{n} \cdot \log_a b$

Winkelpaare

Nebenwinkel:	$\alpha + \beta = 180°$; $\gamma + \delta = 180°$;	$\alpha + \delta = 180°$ $\beta + \gamma = 180°$
Scheitelwinkel:	$\alpha = \gamma$;	$\beta = \delta$

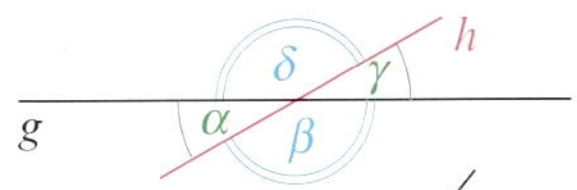

Winkelpaare an geschnittenen Parallelen

Stufenwinkel:	$\alpha_1 = \alpha_2$;	$\beta_1 = \beta_2$;	$\gamma_1 = \gamma_2$;	$\delta_1 = \delta_2$
Wechselwinkel:	$\alpha_1 = \gamma_2$;	$\beta_1 = \delta_2$;	$\gamma_1 = \alpha_2$;	$\delta_1 = \beta_2$
Entgegengesetzt liegende Winkel:	$\alpha_1 + \delta_2 = 180°$; $\beta_1 + \gamma_2 = 180°$;		$\gamma_1 + \beta_2 = 180°$ $\delta_1 + \alpha_2 = 180°$	

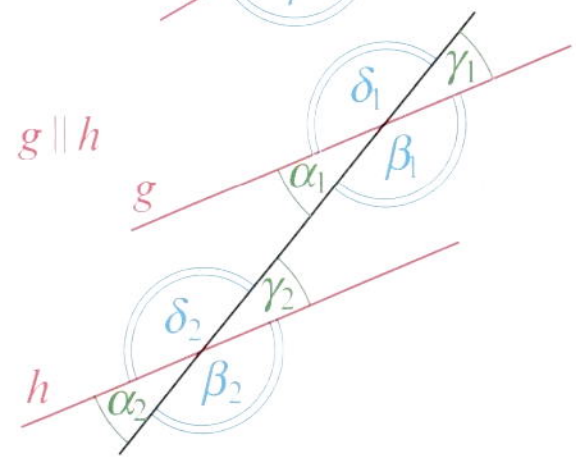

Sätze im Dreieck

Summe der Innenwinkel: $\alpha + \beta + \gamma = 180°$

Summe der Außenwinkel: $\alpha_1 + \beta_1 + \gamma_1 = 360°$

Außenwinkelsatz: $\alpha_1 = \beta + \gamma$; $\beta_1 = \alpha + \gamma$; $\gamma_1 = \alpha + \beta$

Dreiecksungleichung: $a + b > c$; $b + c > a$; $a + c > b$

Höhen: Zwei Höhen verhalten sich umgekehrt wie die zugehörigen Seiten des Dreiecks:

$$\frac{h_c}{h_b} = \frac{b}{c}.$$

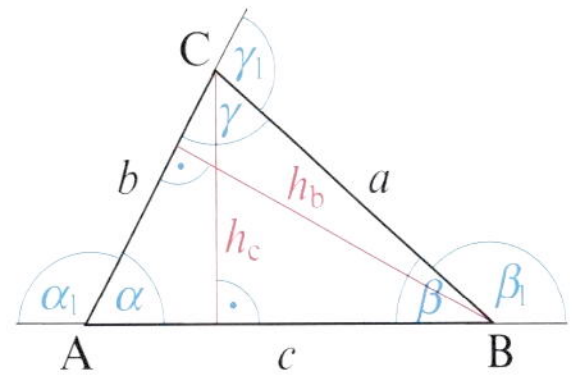

Seitenhalbierende: Die Seitenhalbierenden im Dreieck schneiden einander im Schwerpunkt. Sie teilen einander im Verhältnis 2 : 1:

$$\frac{\overline{AM}}{\overline{ME}} = \frac{\overline{BM}}{\overline{MF}} = \frac{\overline{CM}}{\overline{MD}} = \frac{2}{1}.$$

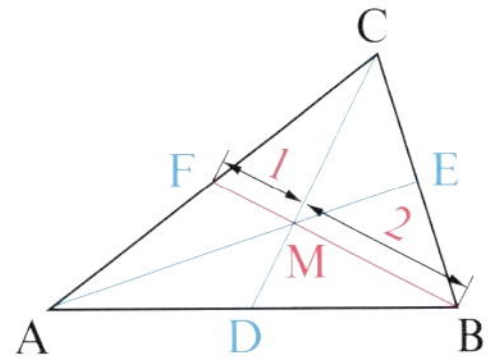

Winkelhalbierende: Die Winkelhalbierenden schneiden einander im Mittelpunkt M_i des Inkreises.

Mittelsenkrechte: Die Mittelsenkrechten schneiden einander im Mittelpunkt M_u des Umkreises des Dreiecks.

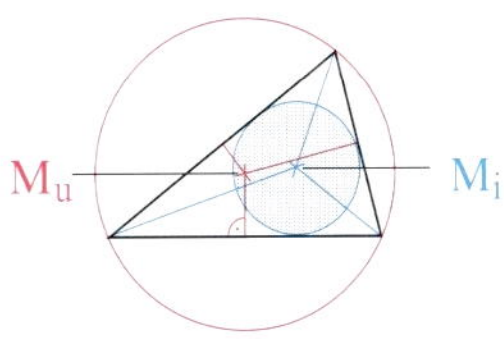

Kongruenzsätze

Dreiecke sind kongruent,

- wenn sie in den drei Seiten übereinstimmen (sss),
- wenn sie in einer Seite und den dieser Seite anliegenden Winkeln übereinstimmen (wsw),
- wenn sie in zwei Seiten und dem von diesen Seiten eingeschlossenen Winkel übereinstimmen (sws),
- wenn sie in zwei Seiten und dem der größeren Seite gegenüberliegenden Winkel übereinstimmen (SsW).

Ähnlichkeitssätze

Dreiecke sind zueinander ähnlich,

- wenn jede Seite des einen Dreiecks mit je einer Seite des anderen Dreiecks gleiche Verhältnisse bildet,
- wenn sie in zwei Winkeln übereinstimmen **(Hauptähnlichkeitssatz)**,
- wenn sie in einem Winkel übereinstimmen und die dem Winkel anliegenden Seiten gleiche Verhältnisse bilden,
- wenn zwei Seiten des einen Dreiecks mit je einer Seite des anderen Dreiecks gleiche Verhältnisse bilden und wenn sie in dem Winkel übereinstimmen, der jeweils der größeren Seite gegenüberliegt.

Jedes gleichschenklige Dreieck hat zwei gleich große Winkel (Basiswinkel); sie liegen den beiden Schenkeln gegenüber.

Strahlensätze

Erster Strahlensatz:
Werden zwei Strahlen mit gemeinsamem Anfangspunkt von zwei Parallelen geschnitten, so verhalten sich die Abschnitte auf dem einen Strahl zueinander wie die gleich liegenden Abschnitte auf dem anderen.

Beispiele:

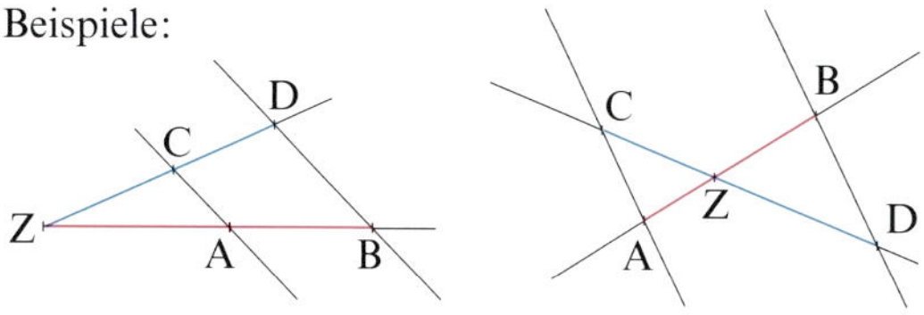

$$\frac{\overline{ZA}}{\overline{AB}} = \frac{\overline{ZC}}{\overline{CD}} \quad \text{oder} \quad \frac{\overline{ZA}}{\overline{ZB}} = \frac{\overline{ZC}}{\overline{ZD}}$$

Zweiter Strahlensatz:
Werden zwei Strahlen mit gemeinsamem Anfangspunkt von zwei Parallelen geschnitten, so verhalten sich die Parallelenabschnitte zueinander wie die zugehörigen Abschnitte ein und desselben Strahls.

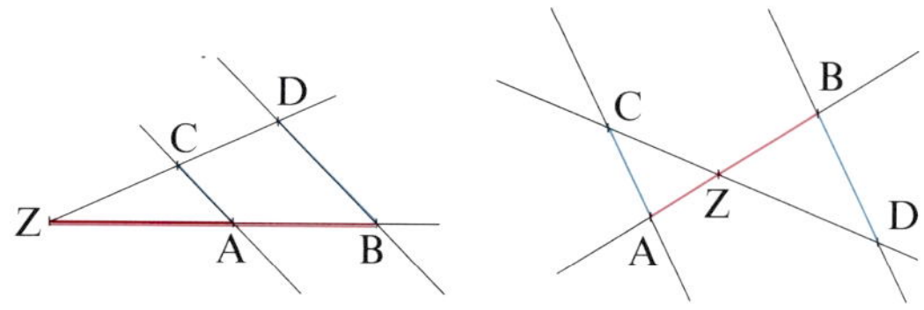

$$\frac{\overline{ZA}}{\overline{ZB}} = \frac{\overline{AC}}{\overline{BD}} \quad \text{oder} \quad \frac{\overline{ZC}}{\overline{ZD}} = \frac{\overline{AC}}{\overline{BD}}$$

Zentrische Streckung

Bei einer zentrischen Streckung $(Z; k)$ sind die Originalfigur und die Bildfigur zueinander ähnlich. Für das Originalviereck $ABCD$ und das Bildviereck $A'B'C'D'$ hat das zur Folge:

$\overline{A'B'} = k \cdot \overline{AB}$; $\overline{B'C'} = k \cdot \overline{BC}$ usw.

$\overline{A'B'} \parallel \overline{AB}$; $\overline{B'C'} \parallel \overline{BC}$ usw. $\alpha' = \alpha$ usw.

Für die Flächeninhalte gilt:
$A_{A'B'C'D'} = k^2 \cdot A_{ABCD}$.
Für die Rauminhalte von Körpern, die aus einer zentrischen Streckung $(Z; k)$ hervorgehen, gilt:
$V_{K'} = k^3 \cdot V_K$.

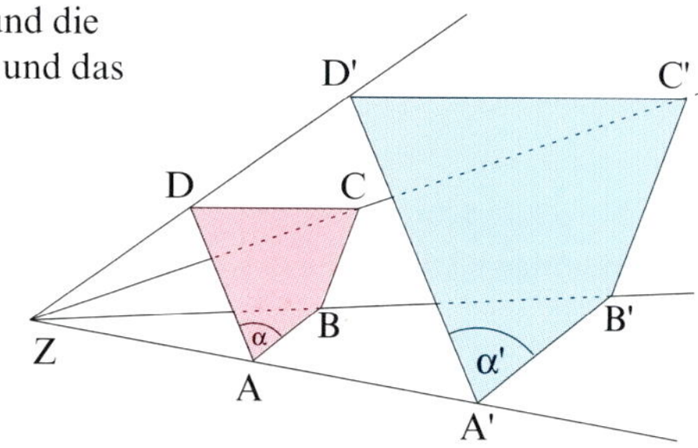

Ebene Figuren (u – Umfang; A – Flächeninhalt)

Allgemeines Dreieck

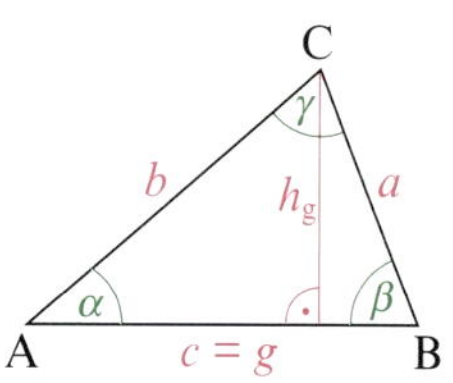

Sinussatz

$$\frac{a}{\sin\alpha} = \frac{b}{\sin\beta} = \frac{c}{\sin\gamma}$$

Kosinussatz

$c^2 = a^2 + b^2 - 2ab \cdot \cos\gamma$
$a^2 = b^2 + c^2 - 2bc \cdot \cos\alpha$
$b^2 = a^2 + c^2 - 2ac \cdot \cos\beta$

$u = a + b + c$

$A = \frac{1}{2}\, g \cdot h_g$

$A = \frac{1}{2}\, ab \cdot \sin\gamma$

Rechtwinkliges Dreieck ($\gamma = 90°$)

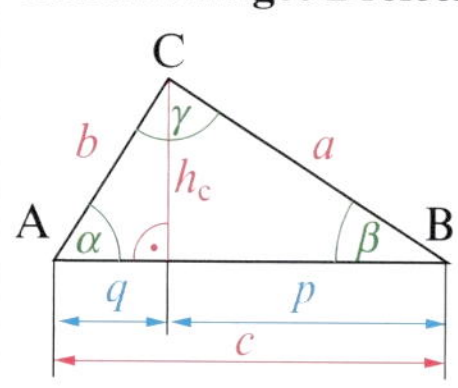

$h^2 = pq$ Höhensatz
$a^2 = pc$ Kathetensatz
$b^2 = qc$
Satz des Pythagoras
$a^2 + b^2 = c^2$

$\sin\alpha = \frac{a}{c}$; $\cos\alpha = \frac{b}{c}$

$\tan\alpha = \frac{a}{b}$

$u = a + b + c$

$A = \frac{1}{2}\, ab$

Viereck

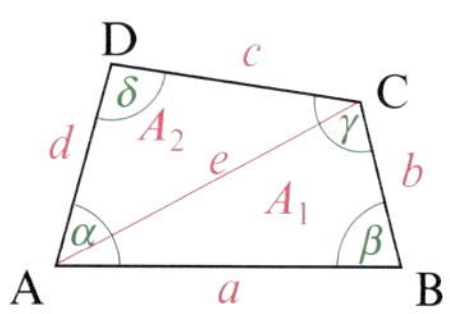

$\alpha + \beta + \gamma + \delta = 360°$
$u = a + b + c + d$
$A = A_1 + A_2$

Trapez ($a \parallel c$)

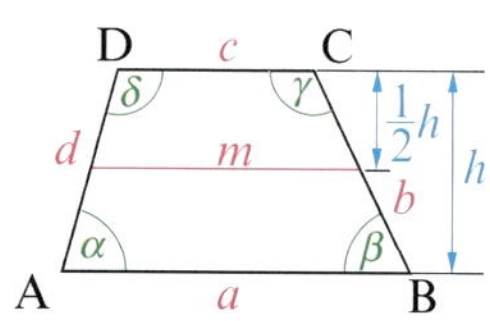

$\alpha + \delta = 180°$; $\beta + \gamma = 180°$
$u = a + b + c + d$

$m = \frac{1}{2}\,(a + c)$

$A = \frac{1}{2}\,(a + c) \cdot h = m \cdot h$

Ebene Figuren (u – Umfang; A – Flächeninhalt)

Parallelogramm ($a \parallel c$; $b \parallel d$)

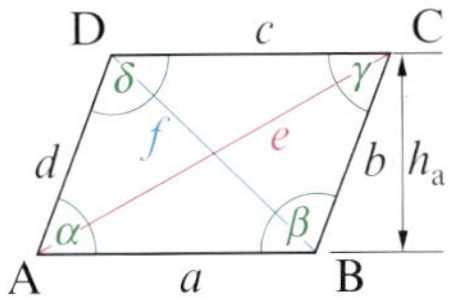

$a = c$; $b = d$
$\beta = \delta$; $\alpha + \beta = 180°$
$\alpha = \gamma$; $\alpha + \delta = 180°$
$u = 2\,(a + b)$
$A = a \cdot h_a = b \cdot h_b$
$A = ab \cdot \sin \alpha$
$\quad = ab \cdot \sin \beta$

Die Diagonalen halbieren einander.

Rhombus – Raute ($a \parallel c$; $b \parallel d$)

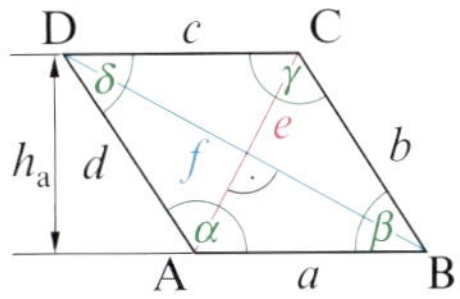

$a = b = c = d$
$\alpha = \gamma$; $\beta = \delta$
$\alpha + \beta = 180°$
$u = 4a$
$A = a \cdot h_a$
$A = \frac{1}{2}\, e \cdot f$; $\quad e \perp f$
$A = a^2 \cdot \sin \alpha = a^2 \cdot \sin \beta$

Die Diagonalen halbieren einander und sie stehen senkrecht aufeinander.

Drachenviereck ($a = b$; $c = d$)

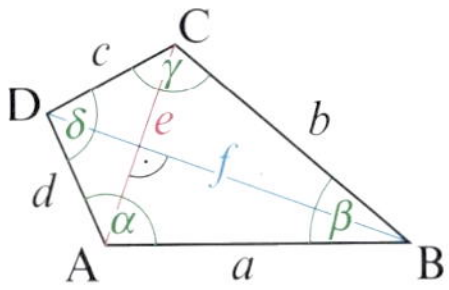

$\alpha = \gamma$; $\quad e \perp f$
$u = 2\,(a + d)$
$A = \frac{1}{2}\, e \cdot f$

Die Diagonalen stehen senkrecht aufeinander; eine Diagonale wird halbiert.

Rechteck ($a \parallel c$; $b \parallel d$; $a \perp b$)

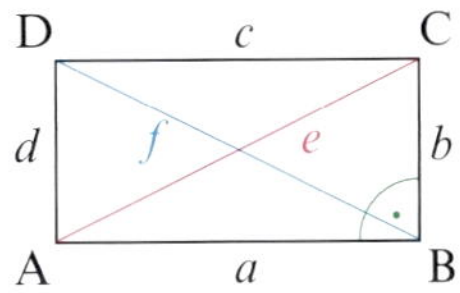

$a = c$; $b = d$; $e = f$
$e = \sqrt{a^2 + b^2}$
$\alpha = \beta = \gamma = \delta = 90°$
$u = 2\,(a + b)$
$A = ab$

Die Diagonalen sind gleich lang und sie halbieren einander.

Kreis (r – Radius)

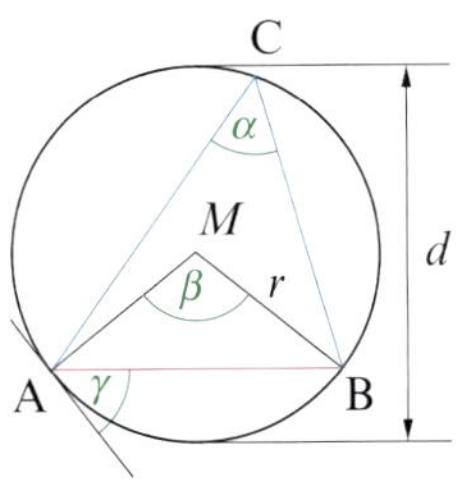

$\alpha = \frac{\beta}{2}$; $\alpha = \gamma$
$u = 2\pi r = \pi d$
$A = \pi r^2 = \frac{1}{4}\,\pi d^2$

α Peripheriewinkel
β Zentriwinkel über $\overset{\frown}{AB}$
γ Sehnen-Tangenten-Winkel

Quadrat ($a \parallel c$; $b \parallel d$; $a \perp b$)

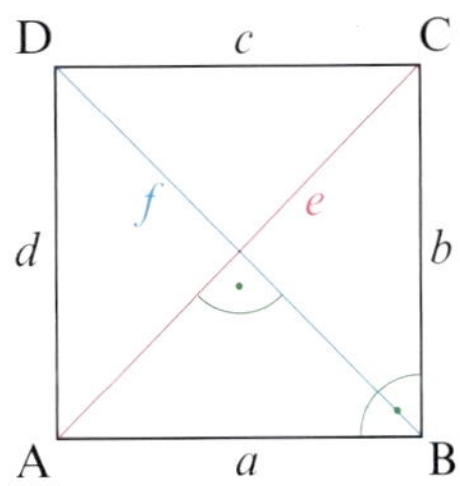

$a = b = c = d$
$\alpha = \beta = \gamma = \delta = 90°$
$e = f$; $\quad e \perp f$; $\quad e = a\sqrt{2}$
$u = 4a$
$A = a^2$

Die Diagonalen sind gleich lang, sie halbieren einander und stehen senkrecht aufeinander.

Kreisbogen

$b : u = \alpha : 360°$

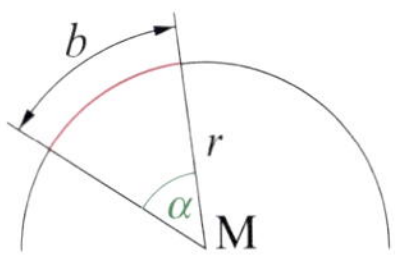

$b = \frac{\pi r}{180°}\,\alpha$
$b = r \cdot \text{arc}\,\alpha$ (↗ S. 13)

Kreisausschnitt

$A_\alpha : A = \alpha : 360°$

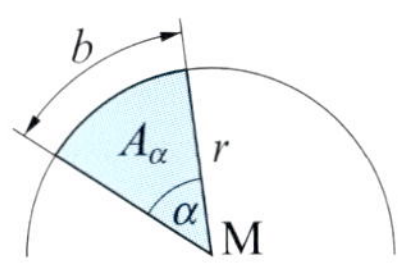

$A_\alpha = \frac{\pi}{360°}\,\alpha r^2$
$A_\alpha = \frac{1}{2}\, b \cdot r = \frac{1}{2}\, r^2 \,\text{arc}\,\alpha$

Regelmäßiges *n*-Eck

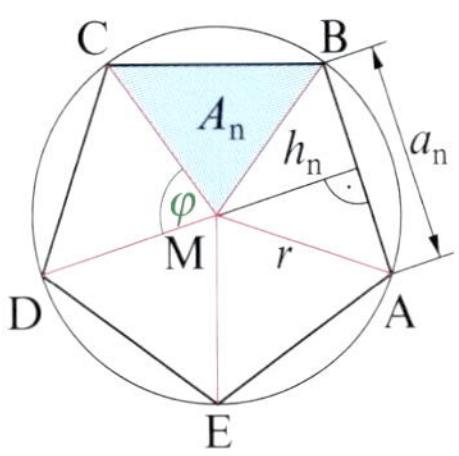

$u = n \cdot a_n$
$A = n \cdot A_n$; $\varphi = \frac{360°}{n}$
$h_n^2 = r^2 - \left(\frac{1}{2}\, a_n\right)^2$
$a_n = 2r \cdot \sin \frac{\varphi}{2}$
$A_n = \frac{1}{2}\, r^2 \cdot \sin \varphi$

$r = \frac{\sqrt{5}+1}{2} \cdot a$

Kreisring ($r_1 > r_2$)

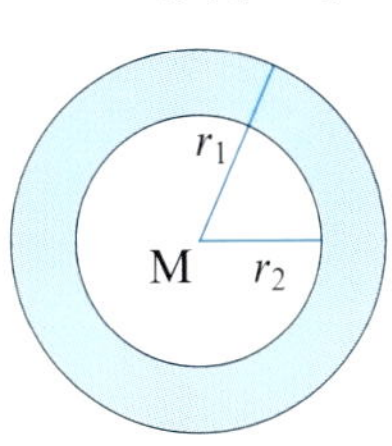

$A = \pi\,(r_1^2 - r_2^2)$

Zehneck über r konstruieren

Körper (A_O – Oberflächeninhalt; V – Volumen)

Würfel

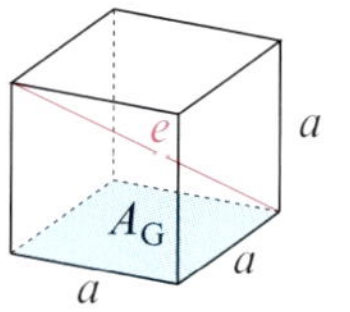

$A_G = a^2$

$V = a^3; \quad e = a \cdot \sqrt{3}$

$A_O = 6a^2$

Quader

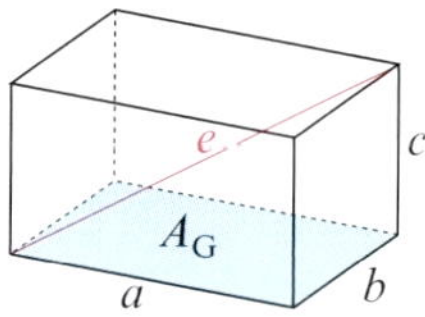

$A_G = ab$

$V = abc; \quad e = \sqrt{a^2 + b^2 + c^2}$

$A_O = 2\,(ab + ac + bc)$

Prisma

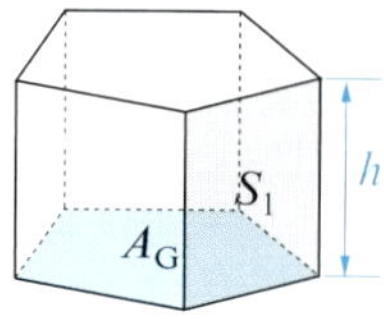

$V = A_G \cdot h$

$A_O = 2A_G + S_1 + S_2 + \ldots + S_n$

Zylinder

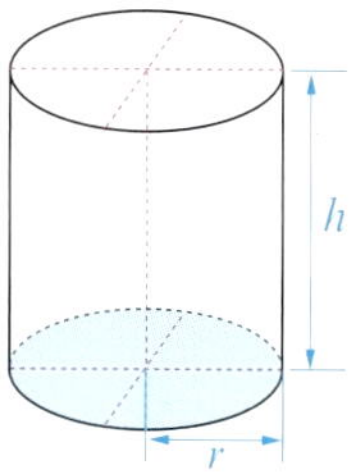

$V = \pi r^2 h; \quad A_M = 2\pi rh$

$A_O = 2\pi\,(r^2 + rh)$

Pyramide

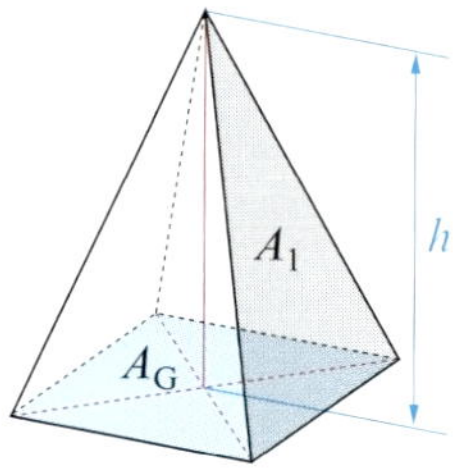

$V = \frac{1}{3}\,A_G \cdot h$

$A_O = A_G + A_1 + A_2 + \ldots + A_n$

Kreiskegel

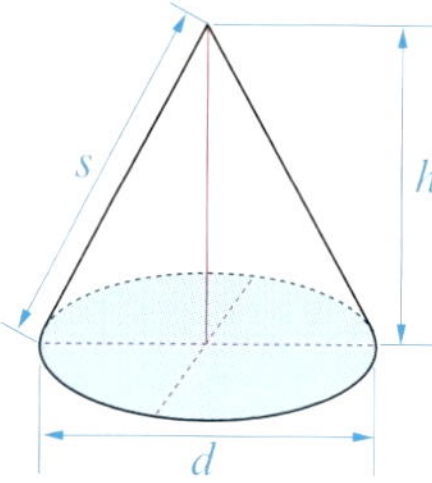

$V = \frac{1}{3}\,\pi r^2 h; \quad s^2 = r^2 + h^2$

$A_O = \pi r\,(r + s); \quad A_M = \pi rs$

Kreiskegelstumpf ($r_1 > r_2$)

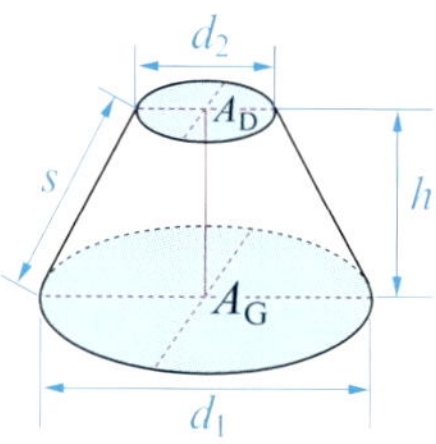

$V = \frac{1}{3}\,\pi h\,(r_1^2 + r_2^2 + r_1 r_2)$

$A_O = \pi r_1^2 + \pi r_2^2 + \pi s\,(r_1 + r_2)$

$s^2 = (r_1 - r_2)^2 + h^2$

Pyramidenstumpf

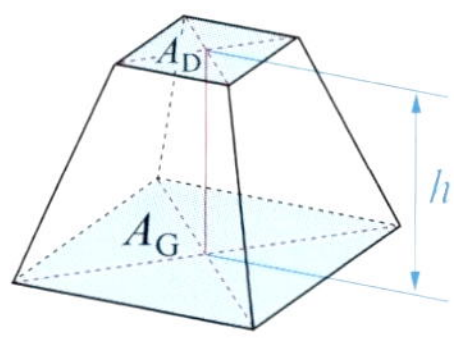

$V = \frac{1}{3}\,h\left(A_G + \sqrt{A_G A_D} + A_D\right)$

$A_O = A_G + A_D + A_M$

Kugel

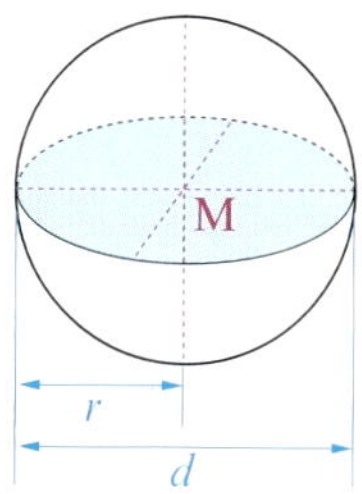

$V = \frac{4}{3}\,\pi r^3$

$A_O = 4\pi r^2$

Kugelabschnitt

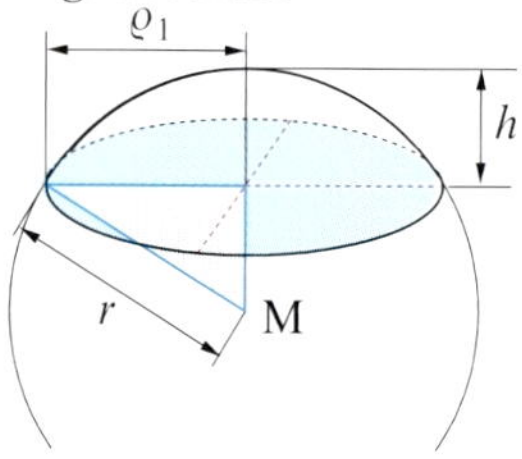

$V = \frac{1}{6}\,\pi h\,(3\varrho^2 + h^2)$

$A_O = 2\pi rh + \varrho^2\pi$

$\varrho = \sqrt{h(2r - h)}$

Kugelschicht

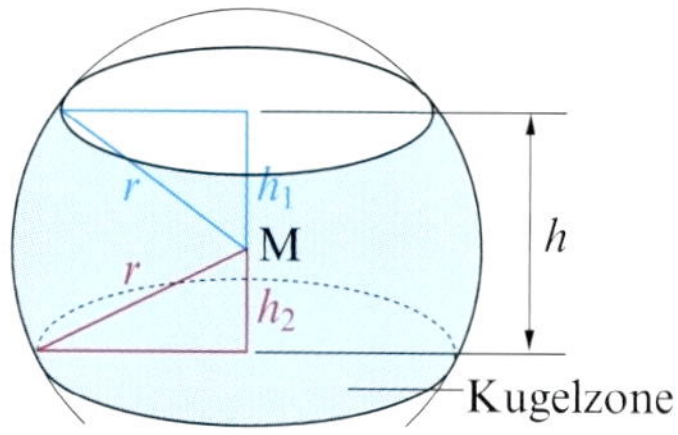

$V = \frac{\pi h}{6}\,(3\varrho_1^2 + 3\varrho_2^2 + h^2)$

Kugelzone: $A = 2\pi rh$

$\varrho_1^2 = r^2 - h_1^2$

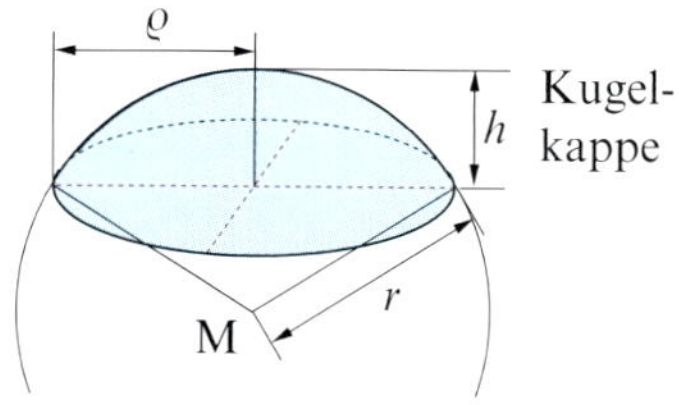

$V = \frac{2\pi}{3}\,r^2 h$

$A_O = \pi\varrho r + 2\pi rh$

$\varrho = \sqrt{h(2r - h)}$

Kugelkappe: $A = 2\pi rh$

Regelmäßige Polyeder

Tetraeder

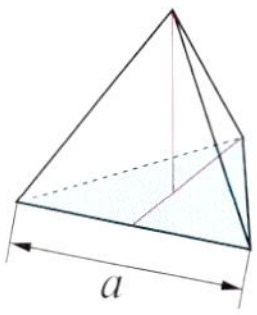

Oktaeder

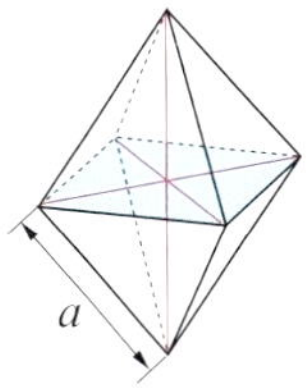

Hexaeder

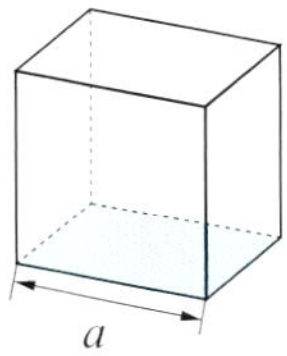

Ikosaeder

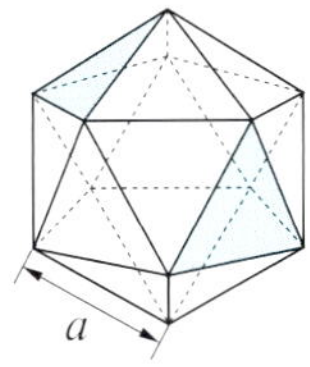

Dodekaeder

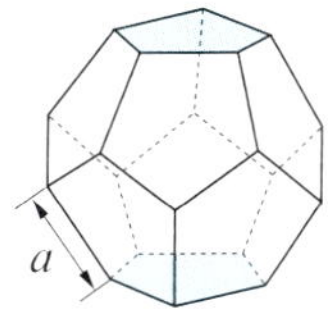

Tetraeder	4 gleichseitige Dreiecke	$V = \frac{\sqrt{2}}{12} a^3 \approx 0{,}1179a^3$	$A_O = \sqrt{3} \cdot a^2 \approx 1{,}7321a^2$
Oktaeder	8 gleichseitige Dreiecke	$V = \frac{\sqrt{2}}{3} a^3 \approx 0{,}4714a^3$	$A_O = 2\sqrt{3} \cdot a^2 \approx 3{,}4641a^2$
Würfel	6 Quadrate	$V = a^3$	$A_O = 6a^2$
Ikosaeder	20 gleichseitige Dreiecke	$V \approx 2{,}1817a^3$	$A_O \approx 8{,}6603a^2$
Dodekaeder	12 regelmäßige Fünfecke	$V \approx 7{,}6631a^3$	$A_O \approx 20{,}6457a^2$

Stochastik

Ein Vorgang mit zufälligem Ergebnis besitzt mehrere mögliche **Ergebnisse**. Die möglichen Ergebnisse werden in der **Ergebnismenge Ω** zusammengefasst. Jede Teilmenge A von Ω heißt ein zu diesem Zufallsversuch gehörendes **Ereignis** ($A \subseteq \Omega$).
Das Ereignis A tritt ein, wenn bei einem Zufallsversuch ein Ergebnis aus A eintritt.

Sicheres Ereignis Ω: Alle möglichen Ergebnisse sind günstig für das Ereignis.
Unmögliches Ereignis $\emptyset$: Keines der möglichen Ergebnisse ist günstig für das Ereignis.
Gegenereignis $\bar{A}$: Die Menge der Ergebnisse, die nicht günstig sind für A.

Absolute Häufigkeit eines Ergebnisses bei einem Zufallsversuch (bei einer Stichprobe)	Anzahl des Auftretens des interessierenden Ergebnisses bei n Beobachtungen (bei der Überprüfung einer Stichprobe im Umfang n)
Relative Häufigkeit h_n eines Ergebnisses bei einem Zufallsversuch (bei einer Stichprobe)	Quotient aus der absoluten Häufigkeit des Ergebnisses und der Anzahl n der Beobachtungen (und dem Umfang n der Stichprobe)
Relative Häufigkeit $h_n(A)$ des Ereignisses A bei einem Zufallsversuch im Umfang n	Quotient aus der Anzahl der für das Ereignis A günstigen Ergebnisse und der Anzahl n der Beobachtungen bei diesem Versuch
relative Häufigkeit eines Ereignisses $A = \frac{\text{absolute Häufigkeit von } A}{\text{Anzahl } n \text{ der Beobachtungen}}$	Die relative Häufigkeit eines Ereignisses A ist gleich der Summe der relativen Häufigkeiten der Ergebnisse, die für das Ereignis A günstig sind.
Kenngrößen zur Häufigkeitsverteilung	
arithmetisches Mittel $\bar{x}$ (↗ auch S. 30)	$\bar{x} = \frac{x_1 + x_2 + \ldots + x_n}{n}$
Zentralwert (Median) z	Er halbiert die der Größe nach geordnete Datenreihe (bei gerader Anzahl der Daten den Mittelwert der beiden mittleren Daten bilden).
Modalwert m	Es ist die am häufigsten beobachtete Zahl (mehrere Modalwerte sind möglich).

Stochastik

Arithmetisches Mittel $\bar{x}$ im Falle einer Klasseneinteilung	
Summe der Produkte aus den Klassenmitten $x_1, x_2, \ldots, x_k$ und den zugehörigen relativen Häufigkeiten $h_1, h_2, \ldots, h_k$	$\bar{x} = x_1h_1 + x_2h_2 + \ldots + x_kh_k$ $(h_1 + h_2 + \ldots + h_k = 1)$
Spannweite	
Differenz zwischen dem größten und dem kleinsten Wert	$d = x_{\max} - x_{\min}$
Mittlere quadratische Abweichung	
von k Werten, die bei einem Zufallsversuch im Umfang n mit den Häufigkeiten $h_1, h_2, \ldots, h_k$ auftreten	$s^2 = (x_1 - \bar{x})^2 h_1 + (x_2 - \bar{x})^2 h_2 + \ldots + (x_k - \bar{x})^2 h_k$
Wahrscheinlichkeit	
Die beobachtete relative Häufigkeit $h(A)$ des Eintretens von A nähert sich mit wachsender Beobachtungszahl dem stabilen Wert $P(A)$, der Wahrscheinlichkeit von A. *Grundeigenschaften:* Wahrscheinlichkeit des sicheren Ereignisses Wahrscheinlichkeit des unmöglichen Ereignisses Wahrscheinlichkeit des Gegenereignisses $\bar{A}$ Wahrscheinlichkeit eines Ereignisses A, für das die Ergebnisse $a_1, a_2, \ldots, a_k$ günstig sind	 $0 \leq P(A) \leq 1$ $P(\Omega) = 1$ $P(\emptyset) = 0$ $P(\bar{A}) = 1 - P(A)$ $P(A) = P(a_1) + P(a_2) + \ldots + P(a_k)$
Wahrscheinlichkeit von A, wenn alle Ergebnisse des Zufallsversuchs gleichwahrscheinlich sind (klassische Wahrscheinlichkeit)	$P(A) = \dfrac{\text{Anzahl der für } A \text{ günstigen Ergebnisse}}{\text{Anzahl der möglichen Ergebnisse}}$

Mehrstufige Zufallsversuche

1. Pfadregel (Produktregel): Die Wahrscheinlichkeit eines Pfades ist gleich dem Produkt der Wahrscheinlichkeiten entlang des jeweiligen Pfades im Baumdiagramm.

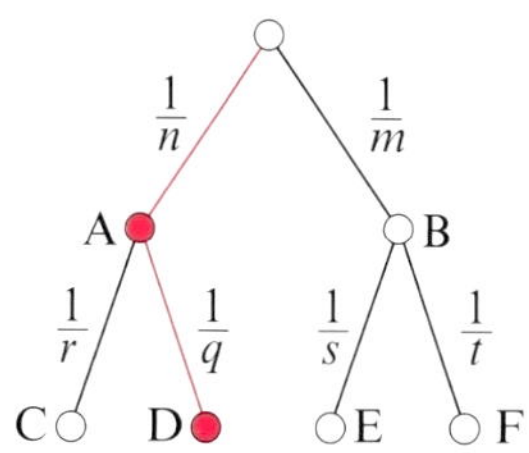

$P(0AD) = \frac{1}{n} \cdot \frac{1}{q}$

2. Pfadregel (Summenregel): Die Wahrscheinlichkeit eines Ereignisses ist gleich der Summe der Wahrscheinlichkeiten aller der Pfade, die für dieses Ereignis günstig sind.

(Im nebenstehenden Bild ist die Wahrscheinlichkeit für das Eintreten des rot gezeichneten Pfades: $P(0AD) = \frac{1}{n} \cdot \frac{1}{q}$. Das Ereignis, für das die Pfade $0AD$ und $0BE$ günstig sind, hat die Wahrscheinlichkeit $P = \frac{1}{n} \cdot \frac{1}{q} + \frac{1}{m} \cdot \frac{1}{s}$.)

Multiplikationsregel:

Wenn die Ereignisse A und B zu unabhängigen Teilvorgängen gehören, dann gilt
P (A tritt ein **und** B tritt ein) $= P(A) \cdot P(B)$.
Zwei Teilvorgänge heißen unabhängig, wenn die Ergebnisse des einen Teilvorganges keinen Einfluss auf die Wahrscheinlichkeit der Ergebnisse des anderen Teilvorganges haben.

Kombinatorik

Pascal'sches Dreieck; Binome $(a + b)^n$ ($a, b \in \mathbb{R}$; $n \in \mathbb{N}$)

$(a + b)^0 = 1$
$(a + b)^1 = a + b$
$(a + b)^2 = a^2 + 2ab + b^2$
$(a + b)^3 = a^3 + 3a^2b + 3ab^2 + b^3$
$(a + b)^4 = a^4 + 4a^3b + 6a^2b^2 + 4ab^3 + b^4$

$(a - b)^0 = 1$
$(a - b)^1 = a - b$
$(a - b)^2 = a^2 - 2ab + b^2$
$(a - b)^3 = a^3 - 3a^2b + 3ab^2 - b^3$
$(a - b)^4 = a^4 - 4a^3b + 6a^2b^2 - 4ab^3 + b^4$

Die Koeffizienten können dem Pascal'schen Dreieck entnommen werden. Das hervorgehobene Beispiel (rot) zeigt:
Der Koeffizient 10 ergibt sich als Summe von 4 und 6 in der vorhergehenden Zeile.

$n = 0 \rightarrow$ 1
$n = 1 \rightarrow$ 1 1
$n = 2 \rightarrow$ 1 2 1
$n = 3 \rightarrow$ 1 3 3 1
$n = 4 \rightarrow$ 1 4 6 4 1
$n = 5 \rightarrow$ 1 5 10 10 5 1

Eine weitere Hilfe sind Binomialkoeffizienten.
Für $n = 5$ erhält man z. B.:

$$\binom{5}{1} = \frac{5}{1} = 5;$$
$$\binom{5}{2} = \frac{5 \cdot 4}{1 \cdot 2} = 10;$$
$$\binom{5}{3} = \frac{5 \cdot 4 \cdot 3}{1 \cdot 2 \cdot 3} = 10;$$
$$\binom{5}{4} = \frac{5 \cdot 4 \cdot 3 \cdot 2}{1 \cdot 2 \cdot 3 \cdot 4} = 5;$$
$$\binom{5}{5} = \frac{5 \cdot 4 \cdot 3 \cdot 2 \cdot 1}{1 \cdot 2 \cdot 3 \cdot 4 \cdot 5} = 1.$$

Ferner wird definiert: $\binom{n}{0} = 1$, also auch $\binom{5}{0} = 1$.

Allgemein gilt für Binome $(a + b)^n$ der folgende binomische Satz:

$$(a + b)^n = \binom{n}{0} a^n + \binom{n}{1} a^{n-1}b + \binom{n}{2} a^{n-2}b^2 + \ldots + \binom{n}{n-1} ab^{n-1} + \binom{n}{n} b^n.$$

Permutation (Anzahl der Anordnungen von n Elementen)

Es gibt für n verschiedene Elemente $n \cdot (n - 1) \cdot (n - 2) \cdot \ldots \cdot 2 \cdot 1$ Möglichkeiten, die Elemente in einer Reihe anzuordnen. Man schreibt dafür $n!$.
Definitionen: $0! = 1$; $1! = 1$; $(a + 1)! = a! \cdot (a + 1)$

Auswahl von k Elementen aus einer Menge von n Elementen

Bei der Auswahl von k verschiedenen Elementen aus einer Menge von n Elementen gibt es

- bei Beachtung der Reihenfolge, in der die ausgewählten k Elemente angeordnet sind, $n \cdot (n - 1) \cdot (n - 2) \cdot \ldots \cdot [n - (k - 1)]$ Möglichkeiten (Anzahl der **Variationen** ohne Zurücklegen der Elemente).
- ohne Beachtung der Reihenfolge, in der die ausgewählten k Elemente angeordnet sind, $\frac{n \cdot (n - 1) \cdot \ldots \cdot [n - (k - 1)]}{k \cdot (k - 1) \cdot \ldots \cdot 2 \cdot 1} = \binom{n}{k}$ Möglichkeiten (Anzahl der **Kombinationen** ohne Zurücklegen der Elemente).

Wenn man die Reihenfolge der k ausgewählten Elemente beachtet und darüber hinaus nach jedem Ziehen eines Elementes dieses wieder zurücklegt, gibt es n^k Möglichkeiten für die Auswahl von k Elementen aus einer Menge von n Elementen (Variationen mit Zurücklegen).

Darstellende Geometrie (Konstruktionsschritte)

Senkrechte Zweitafelprojektion

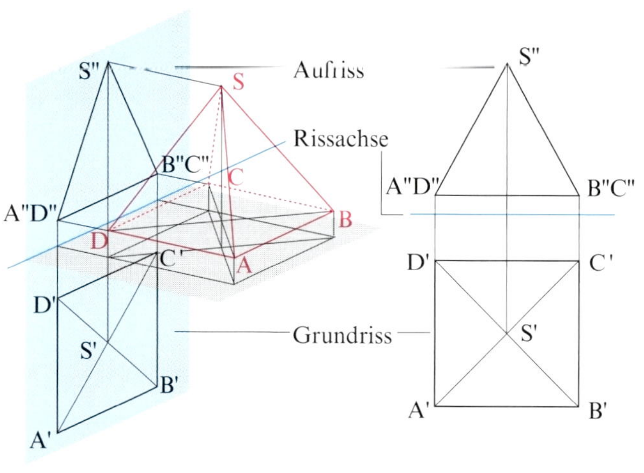

Darstellung in Kavalierperspektive

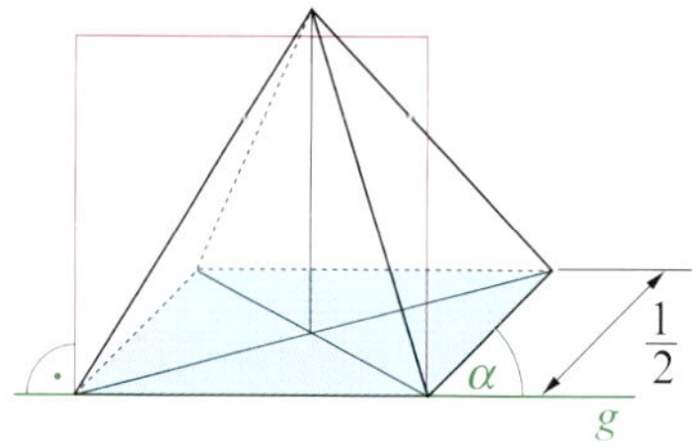

① Auflagefläche in wahrer Größe aufrecht zeichnen (rote Figur).
② In die Tiefe gehende Strecken, auf die Hälfte verkürzt, im Winkel von 45° an die Horizontale *g* antragen (vgl. Bild).
③ Punkte verbinden – nicht sichtbare Kanten gestrichelt.

Kavalierperspektive (α = 45°; q = 0,5) bei Dreieck, Kreis und Prisma

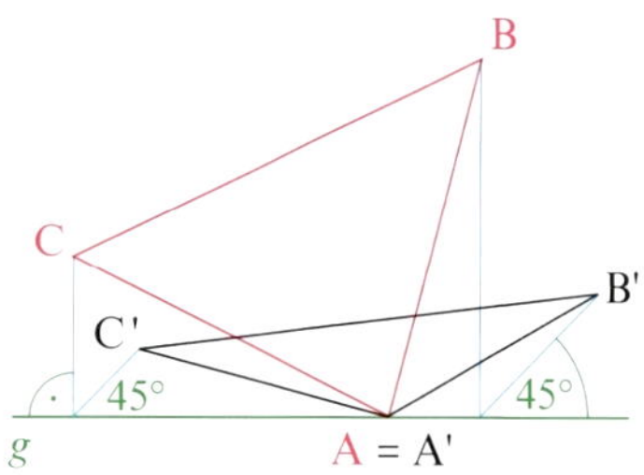

Als Tiefenstrecken dienen Lote von *B* und *C* auf die Horizontale *g*.

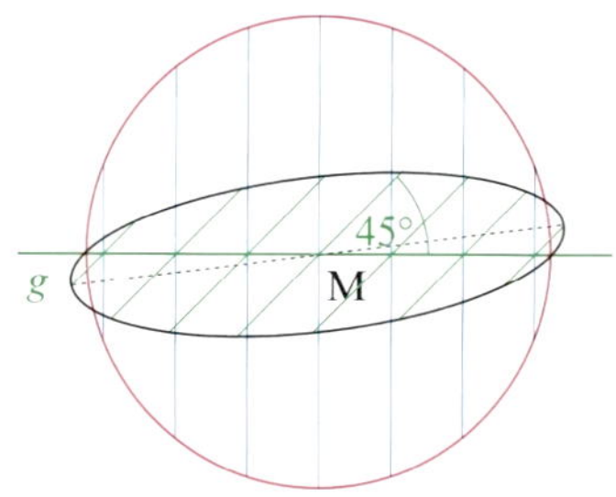

Beim Kreis dienen Sehnen als Tiefenstrecken.

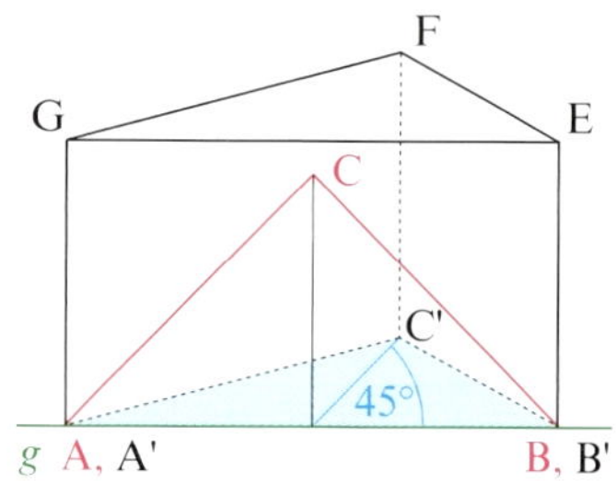

Ermitteln der wahren Länge bzw. der wahren Größe von Strecken und Figuren

Die wahre Länge von Strecken, die gegen beide Tafeln des Zweitafelbildes geneigt sind, ermittelt man durch eine geeignete Drehung ① oder mithilfe eines Stützdreiecks ②.

①

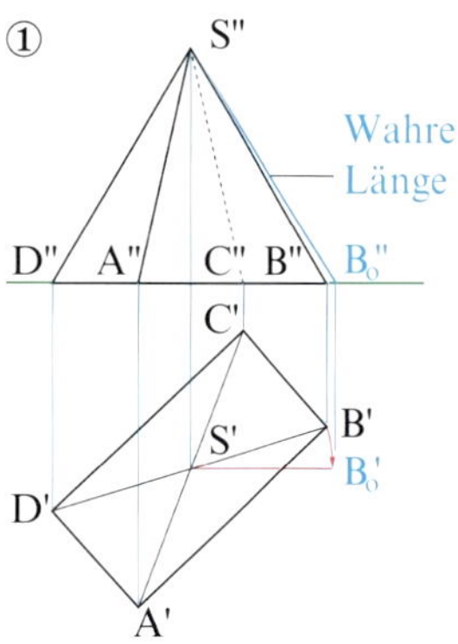

②

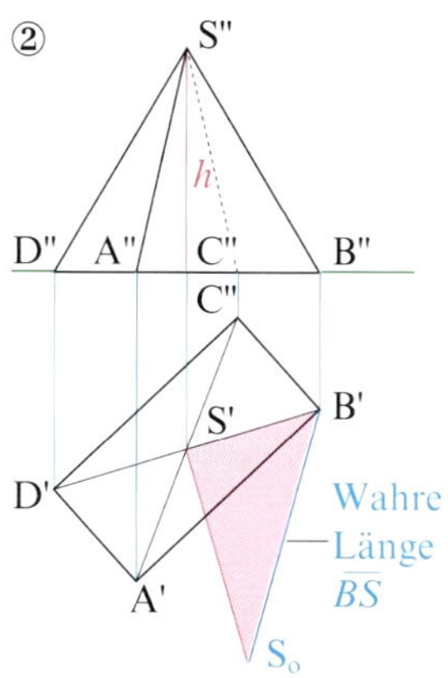

③

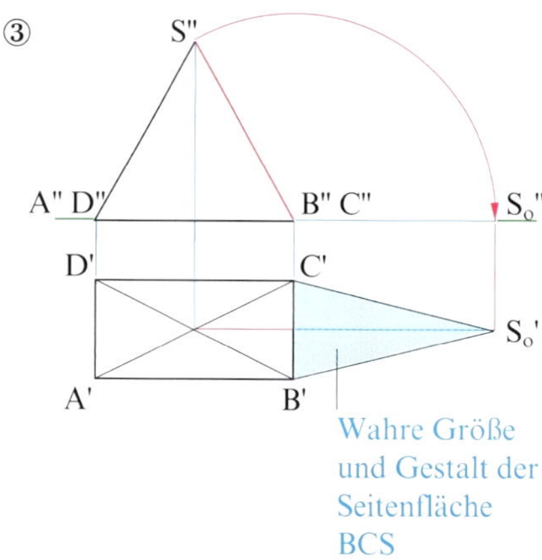

Physik

Größen und Einheiten

Basiseinheiten des Internationalen Einheitensystems (SI)

Name der Einheit	Einheiten-zeichen	Definition der Einheit
Meter	m	**Das Meter** ist die Länge der Strecke, die Licht im Vakuum während der Dauer von $^1/_{299\,792\,458}$ Sekunde durchläuft.
Kilogramm	kg	**Das Kilogramm** ist die Masse des internationalen Kilogrammprototyps.
Sekunde	s	**Die Sekunde** ist die Dauer von 9 192 631 770 Perioden der Strahlung, die dem Übergang zwischen den beiden Hyperfeinstrukturniveaus des Grundzustandes des Atoms Caesium 133 entspricht.
Ampere	A	**Das Ampere** ist die Stärke des zeitlich unveränderten elektrischen Stromes durch zwei geradlinige, parallele, unendlich lange Leiter von vernachlässigbarem Querschnitt, die den Abstand 1 m haben und zwischen denen die durch den Strom elektrodynamisch hervorgerufene Kraft im leeren Raum je 1 m Länge der Doppelleitung $2 \cdot 10^{-7}$ N beträgt.
Kelvin	K	**Das Kelvin** ist der 273,16te Teil der thermodynamischen Temperatur des Tripelpunktes von Wasser.
Mol	mol	**Das Mol** ist die Stoffmenge eines Systems, das aus ebenso vielen Einzelteilchen besteht, wie Atome in 0,012 kg des Kohlenstoffnuklids ^{12}C enthalten sind.
Candela	cd	**Die Candela** ist die Lichtstärke in einer bestimmten Richtung, die monochromatische Strahlung der Frequenz $540 \cdot 10^{12}$ Hz aussendet und deren Strahlstärke in dieser Richtung $^1/_{683}$ Watt durch Steradiant beträgt.

SI-fremde Einheiten

SI-fremde Einheiten lassen sich mithilfe von Zahlenfaktoren auf Basiseinheiten zurückführen.

Beispiele für SI-fremde Einheiten		
Einheit der Länge	Lichtjahr	$1\ \text{Lj} = 9{,}460\,5 \cdot 10^{15}$ m
Einheit der Zeit	Minute	1 min = 60 s
Einheit der Masse	Karat	1 k = 0,000 2 kg

Beispiele für SI-fremde Einheiten		
Einheit der Kraft Einheit des Druckes Einheit der Energie	Kilopond Torr Kalorie	1 kp = 9,806 65 N 1 Torr = 133,3 Pa 1 cal = 4,186 8 J

Abgeleitete SI-Einheiten

Abgeleitete Einheiten des Internationalen Einheitensystems (SI) sind alle Einheiten, die aus den Basiseinheiten ohne Verwendung von Zahlenfaktoren ungleich 1 gebildet werden können.

Beispiele für abgeleitete SI-Einheiten

Abgeleitete Einheit	Name der Einheit	Basiseinheiten	Beziehung	Physikalische Größe
$\frac{m}{s}$	Meter je Sekunde	Meter, Sekunde		Geschwindigkeit
m^3	Kubikmeter	Meter	$1\ m^3 = 1\ m \cdot 1\ m \cdot 1\ m$	Volumen
N	Newton	Meter, Kilogramm, Sekunde	$1\ N = 1\ \frac{kg \cdot m}{s^2}$	Kraft
J	Joule	Meter, Kilogramm, Sekunde	$1\ J = 1\ N \cdot m = 1\ \frac{kg \cdot m^2}{s^2}$	Arbeit
Pa	Pascal	Meter, Kilogramm, Sekunde	$1\ Pa = 1\ \frac{N}{m^2} = 1\ \frac{kg}{m \cdot s^2}$	Druck, Spannung

Formelzeichen

Größen des Raumes und der Zeit	Formelzeichen
Länge	l
Weg, Weglänge	s
Höhe	h
Radius	r
Wellenlänge	λ
Fläche, Flächeninhalt	A
Volumen	V
Ebener Winkel	$\alpha, \beta, \gamma, \vartheta, \varphi$
Zeit	t
Periodendauer, Schwingungsdauer	T
Umlaufzeit	T
Frequenz	f, ν
Kreisfrequenz	ω
Geschwindigkeit	v, u, w, c
Beschleunigung	a

Größen der Elektrizität	Formelzeichen
Elektrische Stromstärke	I
Elektrische Ladung	Q

Größen der Elektrizität	Formelzeichen
Elektrische Energie, Arbeit	W
Elektrische Leistung	P
Wirkleistung	P, P_p
Scheinleistung	S, P_S
Blindleistung	Q, P_q
Elektrische Spannung	U
Elektrische Feldstärke	E
Elektrische Kapazität	C
Elektrischer Widerstand	R
Blindwiderstand	X
Scheinwiderstand	Z
Spezifischer elektr. Widerstand	ϱ
Induktivität	L

Größen der Kernphysik	Formelzeichen
Atommasse	m_a
Aktivität einer radioaktiven Substanz	A
Halbwertszeit	$T_{1/2}$

Größen der Thermodynamik	Formelzeichen
Temperatur	T, ϑ
Temperaturdifferenz	ΔT, $\Delta\vartheta$
Wärme	Q
Innere Energie	U
Wärmekapazität	C
Spezifische Wärmekapazität	c
Linearer Ausdehnungskoeffizient	α
Kubischer Ausdehnungskoeffizient	γ

Größen der Optik	Formelzeichen
Einfallswinkel	α
Reflexionswinkel	α'
Brechungswinkel	β
Grenzwinkel	α_G
Brennweite	f
Gegenstandsweite, Objektweite	g, a, s
Bildweite	b, a', s'
Brechwert von Linsen	D
Brechzahl	n

Größen der Mechanik	Formelzeichen
Masse	m
Dichte	ϱ
Kraft	F
Gewichtskraft	F_G, G
Reibungskraft	F_R
Reibungszahl	μ
Normalkraft	F_N
Druck	p
Arbeit	W, A
Energie	E, W
Leistung	P
Drehmoment, Biegemoment	M, M_b
Federkonstante	k, D
Wirkungsgrad	η

Größen der physikalischen Chemie	Formelzeichen
Stoffmenge, Objektmenge	n
Molare Masse	M
Molares Volumen	V_m

Größen und Einheiten des Raumes und der Zeit

Größe	Name der Einheit	Einheiten-zeichen	Bemerkungen
Länge *l* Weg, Weglänge *s* Höhe *h* Radius *r* Wellenlänge *λ*	**Meter**	**m**	**Das Meter ist eine Basiseinheit.**
Fläche, Flächeninhalt *A*	Quadratmeter Hektar Ar	m^2 ha a	 1 ha = 10 000 m^2 = 10^4 m^2 1 a = 100 m^2
Volumen *V*	Kubikmeter Liter	m^3 l	 1 l = 0,001 m^3 = 10^{-3} m^3
Ebener Winkel α, β, γ, ϑ, φ	Radiant	rad	$1\ \text{rad} = \frac{1\ \text{m Bogen}}{1\ \text{m Radius}} = 57{,}3°$
Zeit *t* Periodendauer *T* Schwingungsdauer *T* Umlaufzeit *T*	**Sekunde**	**s**	**Die Sekunde ist eine Basiseinheit.**
Frequenz *f*, *ν*	Hertz	Hz	$1\ \text{Hz} = \frac{1}{\text{s}} = 1\ \text{s}^{-1}$
Kreisfrequenz *ω*	Eins je Sekunde	$\frac{1}{\text{s}}$	$\frac{1}{\text{s}} = 1\ \text{s}^{-1}$

Größen und Einheiten der Mechanik

Größe	Name der Einheit	Einheitenzeichen	Bemerkungen
Geschwindigkeit v	Meter je Sekunde	$\frac{m}{s}$	$1\,\frac{m}{s} = 1\,m \cdot s^{-1}$
Beschleunigung a	Meter je Quadratsekunde	$\frac{m}{s^2}$	$1\,\frac{m}{s^2} = 1\,m \cdot s^{-2}$
Masse $\boldsymbol{m}$	**Kilogramm** Tonne	**kg** t	**Das Kilogramm ist eine Basiseinheit.** $1\,t = 1\,000\,kg = 10^3\,kg$
Dichte ϱ	Kilogramm je Kubikmeter Gramm je Kubikzentimeter	$\frac{kg}{m^3}$ $\frac{g}{cm^3}$	$1\,\frac{kg}{m^3} = 0{,}001\,\frac{g}{cm^3}$ $1\,\frac{g}{cm^3} = 1\,\frac{kg}{dm^3} = 1\,\frac{t}{m^3}$
Kraft F Gewichtskraft F_G, G Reibungskraft F_R Normalkraft F_N	Newton	N	$1\,N = 1\,\frac{kg \cdot m}{s^2} = 1\,kg \cdot m \cdot s^{-2}$
Reibungszahl μ	Eins	1	$\frac{1\,N}{1\,N}$; Reibungskraft durch Normalkraft
Druck p	Pascal Bar	Pa bar	$1\,Pa = 1\,\frac{N}{m^2} = 1\,\frac{kg}{m \cdot s^2}$ $1\,bar = 100\,000\,Pa = 10^5\,Pa$
Arbeit W	Joule, Newtonmeter	J, N · m	$1\,J = 1\,N \cdot m = 1\,\frac{kg \cdot m^2}{s^2}$
Energie E, W	Newtonmeter Wattsekunde Joule	N · m W · s J	$1\,N \cdot m = 1\,W \cdot s = 1\,J$
Leistung P	Watt Joule je Sekunde	W $\frac{J}{s}$	$1\,W = 1\,\frac{J}{s} = 1\,\frac{N \cdot m}{s} = 1\,\frac{kg \cdot m^2}{s^3}$
Drehmoment M Biegemoment M_b	Newtonmeter	N · m	$1\,N \cdot m = 1\,\frac{kg \cdot m^2}{s^2}$
Wirkungsgrad η	Eins	1	abgegebene Leistung durch zugeführte Leistung
Auslenkung y	Meter, Zentimeter	m, cm	
Amplitude y_{max}	Meter, Zentimeter	m, cm	
Federkonstante k, D	Newton je Meter	$\frac{N}{m}$	$1\,\frac{N}{m} = 1\,\frac{kg}{s^2}$

Größen und Einheiten der Thermodynamik

Größe	Name der Einheit	Einheiten-zeichen	Bemerkungen
Temperatur T (ϑ) Temperatur-differenz ΔT, $\Delta\vartheta$	**Kelvin** (Grad Celsius) Kelvin, Grad Celsius	**K** (°C) K, °C	**Das Kelvin ist eine Basiseinheit.** Für Temperaturdifferenzen ist bevorzugt Kelvin zu benutzen, Grad Celsius nur bei Differenzen von Celsius-Temperaturen.
Wärme Q	Joule	J	$1\ \text{J} = 1\ \text{W} \cdot \text{s}$
Innere Energie U	Joule	J	$1\ \text{J} = 1\ \text{W} \cdot \text{s}$
Wärmekapazität C	Joule je Kelvin	$\frac{\text{J}}{\text{K}}$	$1\ \frac{\text{J}}{\text{K}} = 1\ \frac{\text{W} \cdot \text{s}}{\text{K}}$
Spezifische Wärmekapazität c	Joule je Kilogramm und Kelvin	$\frac{\text{J}}{\text{kg} \cdot \text{K}}$	$1\ \frac{\text{J}}{\text{kg} \cdot \text{K}} = 1\ \frac{\text{W} \cdot \text{s}}{\text{kg} \cdot \text{K}}$

Größen und Einheiten der Optik

Größe	Name der Einheit	Einheiten-zeichen	Bemerkungen
Einfallswinkel α (α_G) Reflexionswinkel α' Brechungswinkel β	Grad	°	
Brechzahl n	Eins	1	Ausbreitungsgeschwindigkeit im Vakuum durch die im Stoff
Brechwert D	Dioptrie	dpt	$1\ \text{dpt} = 1\ \text{m}^{-1}$
Brennweite f Objektweite g, a, s Bildweite b, a', s'	Millimeter, Zentimeter, Meter	mm, cm, m	Bei Konkavlinsen steht vor der Brennweite ein Minuszeichen, z. B. $f = -50\ \text{mm}$

Größen und Einheiten der Elektrizität und des Magnetismus

Größe	Name der Einheit	Einheiten-zeichen	Bemerkungen
Elektr. Stromstärke I	**Ampere**	**A**	**Das Ampere ist eine Basiseinheit.**
Elektrische Ladung Q	Coulomb	C	$1\ \text{C} = 1\ \text{A} \cdot \text{s}$
Elektr. Spannung U	Volt	V	$1\ \text{V} = 1\ \frac{\text{W}}{\text{A}}$
Elektrische Arbeit W	Joule Wattsekunde Kilowattstunde	J W · s kW · h	$1\ \text{J} = 1\ \text{V} \cdot 1\ \text{A} \cdot 1\ \text{s} = 1\ \text{W} \cdot \text{s}$ $1\ \text{J} = 1\ \text{W} \cdot \text{s}$ $1\ \text{kW} \cdot \text{h} = 3{,}6\ \text{MJ}$

Größe	Name der Einheit	Einheiten-zeichen	Bemerkungen
Elektrische Leistung P Wirkleistung P_p Scheinleistung P_S Blindleistung P_q	Watt Watt Watt, Voltampere Var	W W W, VA var	$1\ \mathrm{W} = 1\ \mathrm{V} \cdot \mathrm{A} = 1\ \frac{\mathrm{J}}{\mathrm{s}}$
Elektr. Feldstärke E	Volt je Meter	$\frac{\mathrm{V}}{\mathrm{m}}$	$1\ \frac{\mathrm{V}}{\mathrm{cm}} = 100\ \frac{\mathrm{V}}{\mathrm{m}}$
Elektr. Kapazität C	Farad	F	$1\ \mathrm{F} = 1\ \frac{\mathrm{C}}{\mathrm{V}} = 1\ \frac{\mathrm{A} \cdot \mathrm{s}}{\mathrm{V}}$
Elektr. Widerstand R	Ohm	Ω	$1\ \Omega = 1\ \frac{\mathrm{V}}{\mathrm{A}}$
Spezifischer elektrischer Widerstand ϱ	Ohm mal Quadrat-meter je Meter Ohm mal Meter	$\frac{\Omega \cdot \mathrm{m}^2}{\mathrm{m}}$ $\Omega \cdot \mathrm{m}$	$1\ \frac{\Omega \cdot \mathrm{m}^2}{\mathrm{m}} = 1\ \Omega \cdot \mathrm{m} = 10^6\ \frac{\Omega \cdot \mathrm{mm}^2}{\mathrm{m}}$
Induktivität L	Henry	H	$1\ \mathrm{H} = 1\ \frac{\mathrm{V} \cdot \mathrm{s}}{\mathrm{A}}$

Größen und Einheiten der Kernphysik

Größe	Name der Einheit	Einheiten-zeichen	Bemerkungen
Atommasse, Nuklidmasse m_a	Kilogramm	kg	
Atommassen-konstante m_u	Atomare Masseneinheit	u	$1\ \mathrm{u} = \frac{1{,}660\,57}{10^{27}}\ \mathrm{kg};\ \mathrm{u} = \frac{1}{12}\ m_a\ (^{12}\mathrm{C})$
Aktivität A	Becquerel	1 Bq	1 Zerfall pro Sekunde
Halbwertszeit $T_{1/2}$	Sekunde bis zu Jahren	s, min, h, d, a	

Größen und Einheiten der physikalischen Chemie

Größe	Name der Einheit	Einheiten-zeichen	Bemerkungen
Stoffmenge n (Objektmenge)	**Mol**	**mol**	**Das Mol ist eine Basiseinheit.**
Molare Masse M	Gramm je Mol	$\frac{\mathrm{g}}{\mathrm{mol}}$	$1\ \frac{\mathrm{g}}{\mathrm{mol}} = 1\ \frac{\mathrm{kg}}{\mathrm{kmol}}$
Molares Volumen V_m	Kubikmeter je Mol	$\frac{\mathrm{m}^3}{\mathrm{mol}}$	$1\ \frac{\mathrm{l}}{\mathrm{mol}} = 1\ \frac{\mathrm{dm}^3}{\mathrm{mol}}$

Vorsätze

Vorsatz	Vorsatzzeichen	Faktor, mit dem die Einheit multipliziert werden muss	Vorsatz	Vorsatzzeichen	Faktor, mit dem die Einheit multipliziert werden muss
Yotta	Y	10^{24}	Dezi	d	$0{,}1 = {}^1/_{10} = 10^{-1}$
Zetta	Z	10^{21}	Zenti	c	$0{,}01 = {}^1/_{100} = 10^{-2}$
Exa	E	10^{18}	Milli	m	$0{,}001 = {}^1/_{1000} = 10^{-3}$
Peta	P	10^{15}	Mikro	µ	$\frac{1}{10^{6}} = 10^{-6}$
Tera	T	10^{12}	Nano	n	$\frac{1}{10^{9}} = 10^{-9}$
Giga	G	10^{9}	Pico	p	$\frac{1}{10^{12}} = 10^{-12}$
Mega	M	10^{6}	Femto	f	$\frac{1}{10^{15}} = 10^{-15}$
Kilo	k	10^{3}	Atto	a	$\frac{1}{10^{18}} = 10^{-18}$
Hekto	h	10^{2}	Zepto	z	$\frac{1}{10^{21}} = 10^{-21}$
Deka	da	10	Yocto	y	$\frac{1}{10^{24}} = 10^{-24}$

Naturkonstanten

Konstante	Formelzeichen	Wert
Elementarladung	e	$\frac{1{,}602}{10^{19}}\ \text{C} = 1{,}602 \cdot 10^{-19}\ \text{C}$
Masse des Elektrons	m_e	$\frac{9{,}109}{10^{31}}\ \text{kg} = 9{,}109 \cdot 10^{-31}\ \text{kg}$
Masse des Positrons	m_{po}	$\frac{9{,}109}{10^{31}}\ \text{kg} = 9{,}109 \cdot 10^{-31}\ \text{kg}$
Masse des Protons	m_p	$\frac{1{,}6726}{10^{27}}\ \text{kg} = 1{,}6726 \cdot 10^{-27}\ \text{kg}$
Masse des Neutrons	m_n	$\frac{1{,}6749}{10^{27}}\ \text{kg} = 1{,}6749 \cdot 10^{-27}\ \text{kg}$
Masse des Wasserstoffatoms	m_H	$\frac{1{,}6735}{10^{27}}\ \text{kg} = 1{,}6735 \cdot 10^{-27}\ \text{kg}$

Konstante	Formelzeichen	Wert
Masse des α-Teilchens	m_α	$\frac{6{,}644\,75}{10^{27}}$ kg $= 6{,}644\,75 \cdot 10^{-27}$ kg
Atommassenkonstante	m_u	$\frac{1{,}660\,57}{10^{27}}$ kg $= 1{,}660\,57 \cdot 10^{-27}$ kg
Avogadro-Konstante	N_A	$6{,}022\,136\,7 \cdot 10^{23}$ mol^{-1}
Gravitationskonstante	γ, G	$\frac{6{,}672\,59\ \text{N} \cdot \text{m}^2}{10^{11}\ \text{kg}^2} = 6{,}672 \cdot 10^{-11}\ \text{m}^3 \cdot \text{kg}^{-1} \cdot \text{s}^{-2}$
Lichtgeschwindigkeit im Vakuum	c, c_0	$299\,792{,}458\ \frac{\text{km}}{\text{s}} = 2{,}997\,924\,58 \cdot 10^8\ \text{m} \cdot \text{s}^{-1}$
Fallbeschleunigung	g	$9{,}806\,65\ \frac{\text{m}}{\text{s}^2} = 9{,}806\,65\ \text{m} \cdot \text{s}^{-2}$

Umrechnungsfaktoren

Zeit					Masse				
Einheit	s	min	h	d	Einheit	g	kg	dt	t
1 Sekunde	1	$\frac{16{,}67}{10^3}$	$\frac{0{,}278}{10^3}$	$\frac{11{,}6}{10^6}$	1 Gramm	1	$\frac{1}{10^3}$	$\frac{1}{10^5}$	$\frac{1}{10^6}$
1 Minute	60	1	$\frac{16{,}67}{10^3}$	$\frac{0{,}694}{10^3}$	1 Kilogramm	$1 \cdot 10^3$	1	$\frac{1}{10^2}$	$\frac{1}{10^3}$
1 Stunde	3 600	60	1	$\frac{41{,}7}{10^3}$	1 Dezitonne	$1 \cdot 10^5$	$1 \cdot 10^2$	1	$\frac{1}{10}$
1 Tag	86 400	1 440	24	1	1 Tonne	$1 \cdot 10^6$	$1 \cdot 10^3$	10	1

Kraft		
Einheit	N	kp
1 Newton	1	0,102
1 Kilopond	9,806 65	1

Druck				
Einheit	$1\ \text{Pa} = 1\ \frac{\text{N}}{\text{m}^2} = 1\ \frac{\text{kg}}{\text{m} \cdot \text{s}^2}$	$1\ \frac{\text{kp}}{\text{cm}^2} = 1$ at	bar	Torr
1 Pascal = 1 Newton je Quadratmeter = 1 Kilogramm je Meter und Quadratsekunde	1	$\frac{1{,}02}{10^5}$	$\frac{1}{10^5}$	$\frac{7{,}5}{10^3}$
1 Kilopond je Quadratzentimeter = 1 technische Atmosphäre	$98{,}1 \cdot 10^3$	1	0,981	735,7

Einheit	$1\ \text{Pa} = 1\ \frac{\text{N}}{\text{m}^2} = 1\ \frac{\text{kg}}{\text{m} \cdot \text{s}^2}$	$1\ \frac{\text{kp}}{\text{cm}^2} = 1\ \text{at}$	bar	Torr
1 Bar	10^5	1,02	1	$7{,}5 \cdot 10^2$
1 Torr	133,3	$\frac{1{,}359}{10^3}$	$\frac{1{,}333}{10^3}$	1

Arbeit und Energie			
Einheit	$1\ \text{J} = 1\ \text{N} \cdot \text{m} = 1\ \text{W} \cdot \text{s}$	$\text{kW} \cdot \text{h}$	kcal
1 Joule = 1 Newtonmeter = 1 Wattsekunde	1	$\frac{0{,}2778}{10^6}$	$\frac{0{,}2388}{10^3}$
1 Kilowattstunde	$3{,}6 \cdot 10^6$	1	859,8
1 Kilokalorie	$4{,}1868 \cdot 10^3$	$\frac{1{,}163}{10^3}$	1

Leistung			
Einheit	W	$\frac{\text{kcal}}{\text{h}}$	PS
1 Watt	1	0,860	$\frac{1{,}360}{10^3}$
1 Kilokalorie je Stunde	1,163	1	$\frac{1{,}581}{10^3}$
1 Pferdestärke	735,5	632,4	1

Wärme			
Einheit	J	cal	kcal
1 Joule = 1 Newtonmeter = 1 Wattsekunde	1	0,2388	$\frac{0{,}2388}{10^3}$
1 Kalorie	4,1868	1	$\frac{1}{10^3}$
1 Kilokalorie	$4{,}1868 \cdot 10^3$	10^3	1

Spezifischer elektrischer Widerstand			
Einheit	$\mu\Omega \cdot \text{m}$	$\Omega \cdot \text{m}$	$\frac{\Omega \cdot \text{mm}^2}{\text{m}}$
1 Mikroohmmeter	1	$\frac{1}{10^6}$	1
1 Ohmmeter	10^6	1	10^6
1 Ohm mal Quadratmillimeter je Meter	1	$\frac{1}{10^6}$	1

Wertetafeln

Dichten (↗ auch Chemie)

Dichten fester Stoffe (bei 25 °C)			
Stoff	ϱ in $\frac{g}{cm^3}$	Stoff	ϱ in $\frac{g}{cm^3}$
Beton	2,3	Kork	0,2 bis 0,35
Bronze	7,4 bis 8,9	Kupfer	8,93
Diamant	3,51	Lehm	1,5 bis 1,8
Eis (bei 0 °C)	0,917	Papier	0,7 bis 1,2
Glas (Fensterglas)	2,4 bis 2,6	Porzellan	2,2 bis 2,4
Graphit	1,9 bis 2,3	Quarzglas	2,20
Hartgummi	1,2 bis 1,8	Silber	10,50
Holz (Eiche)	0,5 bis 1,3	Stahl (Gussstahl)	7,85
Holz (Kiefer)	0,3 bis 0,7	Zink	7,14

Dichten flüssiger Stoffe (bei 25 °C)			
Stoff	ϱ in $\frac{g}{cm^3}$	Stoff	ϱ in $\frac{g}{cm^3}$
Benzin	0,68 bis 0,72	Petroleum	0,76
Benzol	0,88	Quecksilber	13,53
Diethylether	0,71	Salzsäure (30 %)	1,151
Ethanol	0,79	Schwefelsäure (50 %)	1,397
Glycerin	1,26	Trichlormethan	1,50 (15 °C)
Methanol	0,79	Wasser	0,997 05

Dichten gasförmiger Stoffe (bei Normdruck und 0 °C)			
Stoff	ϱ in $\frac{kg}{m^3}$	Stoff	ϱ in $\frac{kg}{m^3}$
Ammoniak	0,77	Propan	2,004
Helium	0,179	Sauerstoff	1,429
Kohlenstoffdioxid	1,977	Stickstoff	1,251
Luft	1,29	Wasserstoff	0,089

Tonfrequenzen (C-Dur)

Ton	Frequenz in Hz	Ton	Frequenz in Hz
c′	261,63	g′	392,00
d′	293,67	a′	440,00
e′	329,63	h′	493,88
f′	349,23	c″	523,25

Lärmwirkungen

Lautstärkepegel in dB(A)	Empfindung	Wirkung
10	ruhig	
30	leise	
40		Schlafstörungen
55		Lern- und Konzentrationsstörungen
60	laut	Kommunikationsstörungen
85		Gehörschädigungen
100	schmerzhaft	

Lärmstufen

Geräusch	Lautstärkepegel in dB(A)	Geräusch	Lautstärkepegel in dB(A)
Normales Atmen	10	Lebhafter Straßenverkehr	80
Blätterrauschen, Flüstern	20	Kreissäge, Moped	90
Ticken eines Weckers	30	Presslufthammer	100
Leise Unterhaltung, leises Radio	40	Rockband, Disco	110
Normale Umgangssprache	50	Düsentriebwerk	120
Laute Unterhaltung	60	Kanonenschlag (1 m Entfernung)	130
Normaler Verkehrslärm, Rasenmäher	70	Düsenflugzeug beim Start (in 33 m Entfernung)	140

Schallgeschwindigkeiten (Richtwerte für 20 °C und Normdruck)

Feste Stoffe	v in $\frac{m}{s}$	Flüssigkeiten und Gase	v in $\frac{m}{s}$
Aluminium	5 100	Benzin	1 160
Beton	3 800	Wasser bei 4 °C	1 400
Blei	1 300	Wasser bei 20 °C	1 484
Eis	3 230	Kohlenstoffdioxid	260
Glas	4 000 bis 5 000	Luft bei 0 °C	331
Gummi	40	Luft bei 10 °C	337
Kupfer	3 900	Luft bei 20 °C	343
Stahl	5 100	Luft bei 30 °C	349
Ziegelmauerwerk	3 600	Wasserstoff	1 280

Reibungszahlen

Werkstoff	Haftreibungszahl μ_{Haft}	Gleitreibungszahl μ_{Gleit}
Stahl auf Stahl	0,15	0,03 bis 0,09
Stahl auf Gusseisen	0,18	0,16
Stahl auf Eis	0,027	0,014
Gummireifen auf Asphalt, trocken	< 0,9	< 0,3
Gummireifen auf Asphalt, nass	< 0,5	< 0,15

Werkstoff	Haftreibungszahl μ_{Haft}	Gleitreibungszahl μ_{Gleit}
Gummireifen auf Beton, trocken	< 1,0	< 0,5
Gummireifen auf Beton, nass	< 0,6	< 0,3
Holz auf Holz	0,5 bis 0,65	0,2 bis 0,4
Metall auf Holz	0,5 bis 0,6	0,2 bis 0,5
Leder auf Metall (Dichtungen)	0,6	0,25
Lederriemen auf Gusseisen	0,6	0,12 bis 0,15
Lederriemen auf Holztrommel (Eiche)	0,47	0,27

Eigenschaften von Stoffen

Eigenschaften von festen Stoffen					
Stoff	Linearer Ausdehnungskoeffizient α in $\frac{1}{\text{K}}$	Schmelztemperatur ϑ_S in °C (bei 101,3 kPa)	Siedetemperatur ϑ_V in °C (bei 101,3 kPa)	Spezifische Wärmekapazität c in $\frac{\text{kJ}}{\text{kg} \cdot \text{K}}$	Spezifische Schmelzwärme q_S in $\frac{\text{kJ}}{\text{kg}}$
Aluminium	0,000 023	660	2 450	0,90	397
Beton (Stahlbeton)	0,000 012			0,92	
Bismut	0,000 014	271	1 560	0,12	52,2
Blei	0,000 029	327	1 740	0,13	26
Bronze	0,000 018	900		0,39	
Diamant	0,000 001	ab 3 550		0,50	
Fensterglas	0,000 010			0,17	
Gold	0,000 014	1 063	2 677	0,13	65
Graphit	0,000 002	3 730	4 830	0,71	
Holz (Eiche)	0,000 008			2,39	
Konstantan	0,000 015			0,41	
Kupfer	0,000 016	1 083	2 600	0,39	176
Magnesium	0,000 026	650	1 110	1,02	382
Mauerwerk	0,000 005			0,86	
Platin	0,000 009	1 773	3 827	0,13	113
Porzellan	0,000 004			≈ 0,84	
Quarzglas	< 0,000 001	1 700		0,73	
Silber	0,000 020	961	2 212	0,23	104
Stahl	0,000 013	≈ 1 500		≈ 0,47	
Wolfram	0,000 004	3 350	5 700	0,13	192
Zink	0,000 036	419	906	0,39	111
Zinn	0,000 027	232	2 350	0,23	59

Eigenschaften von Flüssigkeiten

Stoff	Kubischer Ausdehnungskoeffizient γ in $\frac{1}{K}$	Schmelztemperatur ϑ_S in °C (bei 101,3 kPa)	Siedetemperatur ϑ_V in °C (bei 101,3 kPa)	Spezifische Wärmekapazität c in $\frac{kJ}{kg \cdot K}$	Spezifische Schmelzwärme q_S in $\frac{kJ}{kg}$	Spezifische Verdampfungswärme q_V in $\frac{kJ}{kg}$ (bei 101,3 kPa)
Benzol	0,001 1	5	80	1,70	127	394
Diethylether	0,001 6	−116	35	2,35	98	384
Ethanol	0,001 1	−114	78	2,42	108	842
Glycerin	0,000 5	18	290	2,39		
Methanol	0,001 1	−98	65	2,49	69	1 102
Petroleum	0,000 9			2,00		
Propanon	0,001 4	−95	56	2,10	82	520
Quecksilber	0,001 1	−39	357	0,14	11	285
Trichlormethan	0,001 28	−64	61	0,95	75	245
Wasser	0,000 18	0	100	4,186	334	2 260

Eigenschaften von Gasen

Stoff	Schmelztemperatur ϑ_S in °C (bei 101,3 kPa)	Siedetemperatur ϑ_V in °C (bei 101,3 kPa)	Spezifische Wärmekapazität c_V bei konstantem Volumen in $\frac{kJ}{kg \cdot K}$	Spezifische Wärmekapazität c_p bei konstantem Druck in $\frac{kJ}{kg \cdot K}$	Spezifische Verdampfungswärme q_V in $\frac{kJ}{kg}$
Ammoniak	−78	−33	1,56	2,05	1 370
Helium	−270	−269	3,22	5,23	25
Kohlenstoffdioxid	−57	−79	0,65	0,85	574
Luft	−213	−193	0,72	1,01	190
Sauerstoff	−219	−183	0,65	0,92	213
Stickstoff	−210	−196	0,75	1,04	198
Wasserstoff	−259	−253	10,13	14,28	455

Zusammensetzung der Lufthülle der Erde (bis zu etwa 60 km Höhe)

Bestandteil	Masseanteil in %	Vol.-anteil in %	Bestandteil	Masseanteil in %	Vol.-anteil in %
Sauerstoff	23,01	20,93	Wasserstoff	0,000 004	0,000 05
Stickstoff	75,51	78,10	Neon	0,001 2	0,001 8
Argon	1,286	0,932 5	Helium	0,000 07	0,000 5
Kohlenstoffdioxid	0,04	0,03	Krypton	0,000 3	0,000 1
			Xenon	0,000 04	0,000 009

Abhängigkeit der Siedetemperatur des Wassers vom Druck

Druck in kPa	Siedetemperatur in °C	Druck in kPa	Siedetemperatur in °C	Druck in kPa	Siedetemperatur in °C
91	97,01	100	99,63	200	120,2
92	97,32	101	99,91	300	133,5
93	97,62	101,325	100,00	400	143,6
94	97,91	102	100,18	500	151,8
95	98,20	103	100,46	600	158,8
96	98,49	104	100,73	700	164,9
97	98,78	105	101,00	800	170,4
98	99,07	106	101,27	900	175,4
99	99,35	107	101,53	1 000	180,0

Heizwerte

Feste Brennstoffe	H in $\frac{\text{MJ}}{\text{kg}}$	Flüssige Brennstoffe	H in $\frac{\text{MJ}}{\text{l}}$	H in $\frac{\text{MJ}}{\text{kg}}$	Gasförmige Brennstoffe	H' in $\frac{\text{MJ}}{\text{m}^3}$
Anthrazit	32	Benzol	35	27	Butan	134
Braunkohle (Rohkohle)	8 bis 12	Dieselöl	37	40	Erdgas, nass	21 bis 54
		Erdöl	36 bis 41	42	Erdgas, trocken	19 bis 34
Briketts	20	Ethanol	21	42 bis 48	Ethin	57
Braunkohlenschwelkoks	23	Flugbenzin	45	59	Kokereigas	20
		Heizöl	40	42	Methan	36
Holz, trocken	15	Methanol	16	20	Propan	102
Magerkohle	33	Naphtalin	38	39	Schwefelwasserstoff	24
Steinkohle	30	Petroleum	32	42	Stadtgas	18
Steinkohlenteer	36	Spiritus	32	39	Steinkohlengas	23
Torf, trocken	15	Vergaserkraftstoff	32 bis 38	44 bis 53	Wassergas	11
Zechenkoks	28 bis 30				Wasserstoff	11

Spezifische elektrische Widerstände

Metalle	ϱ in $\frac{\Omega \cdot \text{mm}^2}{\text{m}}$	Kohle und Widerstandslegierungen	ϱ in $\frac{\Omega \cdot \text{mm}^2}{\text{m}}$	Isolierstoffe	ϱ in $\frac{\Omega \cdot \text{cm}^2}{\text{cm}}$
Aluminium	0,028	Bogenlampenkohle	60 bis 80	Bernstein	bis 10^{18}
Blei	0,21	Bürstenkohle	40 bis 100	Quarzglas	10^{13} bis 10^{15}
Eisen	0,10	Chromnickel	1,1	Glimmer	10^{15} bis 10^{17}
Gold	0,022	Eisen, legiert (4 Si)	0,5	Holz, trocken	10^{11} bis 10^{15}
Kupfer, rein	0,0172	Konstantan	0,50	Polyethylen	10^{12} bis 10^{15}
Quecksilber	0,96	Leitungskupfer	0,0178	Polyvinylbenzol	bis 10^{18}
Silber	0,016	Manganin	0,43	Porzellan	bis 10^{15}
Wolfram	0,055	Nickelin	0,43	Polyvinylchlorid	10^{14} bis 10^{15}
Zinn	0,11	Stahlguss	0,18	Transformatorenöl	10^{12} bis 10^{15}

Lichtgeschwindigkeiten

Stoff	c in $\frac{km}{s}$	Stoff	c in $\frac{km}{s}$
Diamant	122 000	Kohlenstoffdisulfid	184 000
Flintglas	186 000	Wasser	224 000
Kronglas	197 000	Luft	299 711
Polystyrol	189 000	Vakuum	299 792,458

Brechzahlen (Mittelwerte)

für den Übergang des Lichtes aus Luft in den betreffenden Stoff ($n_{Luft} \approx n_{Vakuum}$)
für die gelbe Natriumlinie (λ = 589,3 nm)

Stoff	Brechzahl n	Stoff	Brechzahl n
Diamant	2,417	Kronglas, leicht	1,515
Eis	1,31	Kronglas, schwer	1,615
Flintglas, leicht	1,608	Quarzglas	1,459
Flintglas, schwer	1,754	Steinsalz	1,544
Glycerin	1,469	Vakuum	0,999 71
Kohlenstoffdisulfid	1,629	Wasser	1,333

Elektromagnetisches Spektrum

Bezeichnung	Frequenz f in Hz	Wellenlänge λ
Wechselstrom	10 bis 10^{2}	18 000 km bis 3 000 km
Telefon (Leitung)	10^{2} bis 10^{4}	3 000 km bis 30 km
Hertz'sche Wellen	10^{4} bis 10^{13}	30 km bis 0,03 mm
Langwellen	$1{,}5 \cdot 10^{5}$ bis $3 \cdot 10^{5}$	2 000 m bis 1 000 m
Mittelwellen	$0{,}5 \cdot 10^{6}$ bis $2 \cdot 10^{6}$	600 m bis 150 m
Kurzwellen	$0{,}6 \cdot 10^{7}$ bis $2 \cdot 10^{7}$	50 m bis 15 m
Ultrakurzwellen	10^{8} bis $3 \cdot 10^{8}$	30 m bis 1 m
Mikrowellen	$3 \cdot 10^{8}$ bis 10^{13}	1 m bis 0,03 mm
Lichtwellen	10^{12} bis $5 \cdot 10^{16}$	0,3 mm bis 5 nm
infrarotes Licht	10^{12} bis $3{,}9 \cdot 10^{14}$	0,3 mm bis 770 nm
sichtbares Licht	$3{,}9 \cdot 10^{14}$ bis $7{,}7 \cdot 10^{14}$	770 nm bis 390 nm
– Rot	$3{,}9 \cdot 10^{14}$ bis $4{,}7 \cdot 10^{14}$	770 nm bis 640 nm
– Orange	$4{,}7 \cdot 10^{14}$ bis $5 \cdot 10^{14}$	640 nm bis 600 nm
– Gelb	$5 \cdot 10^{14}$ bis $5{,}3 \cdot 10^{14}$	600 nm bis 570 nm
– Grün	$5{,}3 \cdot 10^{14}$ bis $6{,}1 \cdot 10^{14}$	570 nm bis 490 nm
– Blau	$6{,}1 \cdot 10^{14}$ bis $6{,}5 \cdot 10^{14}$	490 nm bis 430 nm
– Violett	$7 \cdot 10^{14}$ bis $7{,}7 \cdot 10^{14}$	430 nm bis 390 nm
ultraviolettes Licht	$7{,}7 \cdot 10^{14}$ bis $5 \cdot 10^{16}$	390 nm bis 5 nm
Röntgenstrahlen	$3 \cdot 10^{16}$ bis $3 \cdot 10^{21}$	10 nm bis 0,1 pm
Gammastrahlen	10^{18} bis 10^{23}	300 pm bis 0,003 pm
Kosmische Strahlen	10^{21} bis 10^{24}	0,3 pm bis 0,0003 pm

α-, β- und γ-Strahlung

Name	Art	Symbol	Elektrische Ladung	Massenzahl
α	Heliumkern	$^{4}_{2}He$	zweifach positiv	4
β^-	Elektron	$^{0}_{-1}e$	negativ	0
β^+	Positron	$^{0}_{+1}e$	positiv	0
γ	elektromagnetische Strahlung	$^{0}_{0}\gamma$	ungeladen	0

Kernstrahlung

Radionuklid	Art der Strahlung	Halbwertszeit $T_{1/2}$ in Jahren	Energie in MeV*
Natrium-22	β^+	2,6	0,54
	γ		1,28
Cobalt-60	β^-	5,3	0,32
	γ		1,17; 1,33
Krypton-85	β^-	10,7	0,17; 0,69
	γ		0,51
Caesium-137	β^-	30,3	0,51
	γ		0,66
Blei-210 (Ra–D)	α	22,5	3,72
	β^-		0,06; 0,07
	γ		0,05
Plutonium-236	α	2,9	5,34 bis 5,77
	γ		0,05

* Bei der β-Strahlung sind die maximalen Energiewerte angegeben.

Halbwertszeiten $T_{1/2}$

Element	Radionuklid	Halbwertszeit
Natrium	Na-22	2,6 Jahre
Phosphor	P-29 (P-32)	4,1 Sekunden (14,5 Tage)
Cobalt	Co-60	5,3 Jahre
Zink	Zn-65	244 Tage
Krypton	Kr-85	10,7 Jahre
Caesium	Cs-137	30,3 Jahre
Blei	Pb-210	22,5 Jahre
Gold	Au-194	39,5 Stunden
Iridium	Ir-192 (Ir-195)	73,8 Tage (2,5 Stunden)
Radium	Ra-226	1600 Jahre
Plutonium	Pu-236 (Pu-239)	2,9 Jahre (24110 Jahre)
Uran	U-238	4,5 Milliarden Jahre

Formeln

Statik

Größen

Druck p	Gewichtskraft F_G	Drehmoment M
$p = \frac{F}{A}$ F Kraft A Fläche	$F_G = m \cdot g$ m Masse g Fallbeschleunigung	$M = F \cdot r$ Bedingung: $\vec{r} \perp \vec{F}$ F Kraft r Radius

Zusammensetzung von zwei Kräften $\vec{F_1}$ und $\vec{F_2}$

$\vec{F_1}$ und $\vec{F_2}$ sind gleich gerichtet.	$\vec{F_1}$ und $\vec{F_2}$ sind entgegengesetzt gerichtet.	$\vec{F_1}$ und $\vec{F_2}$ stehen senkrecht aufeinander.	$\vec{F_1}$ und $\vec{F_2}$ bilden einen beliebigen Winkel miteinander.
$F_R = F_1 + F_2$ F_R resultierende Kraft	$F_R = F_1 - F_2$ F_R resultierende Kraft	$F_R = \sqrt{F_1^2 + F_2^2}$ F_R resultierende Kraft	$F_R = \sqrt{F_1^2 + F_2^2 + 2F_1F_2 \cdot \cos\alpha}$ F_R resultierende Kraft

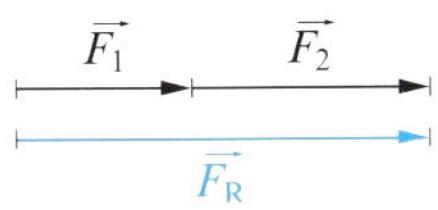

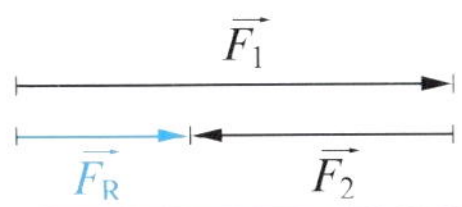

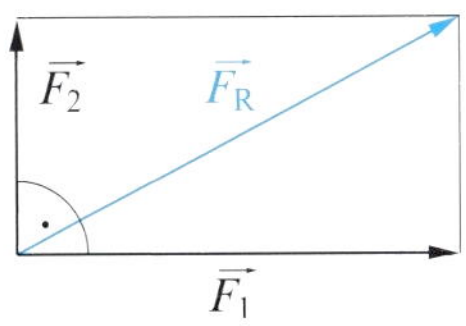

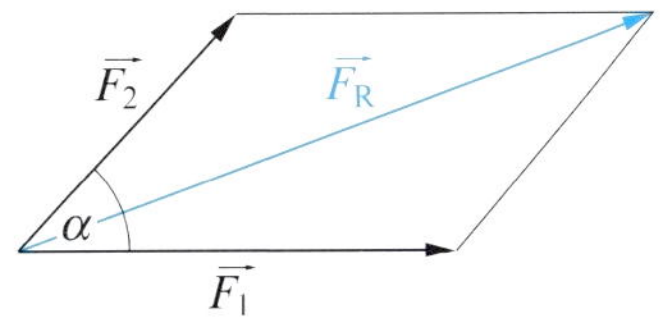

Kraftumformende Einrichtungen

Feste Rolle

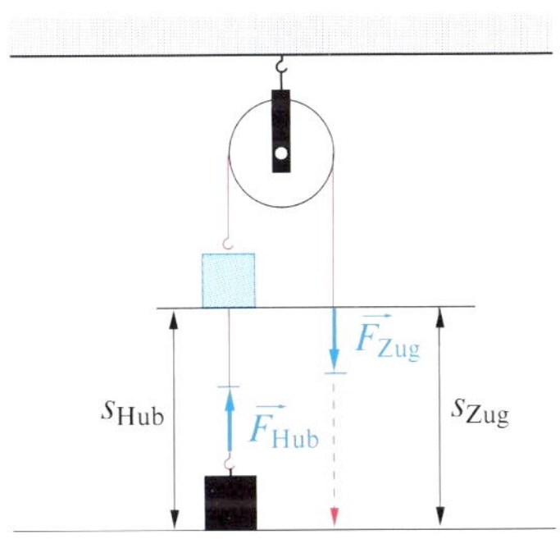

$F_{Zug} = F_{Hub}$

$s_{Zug} = s_{Hub}$

Lose Rolle

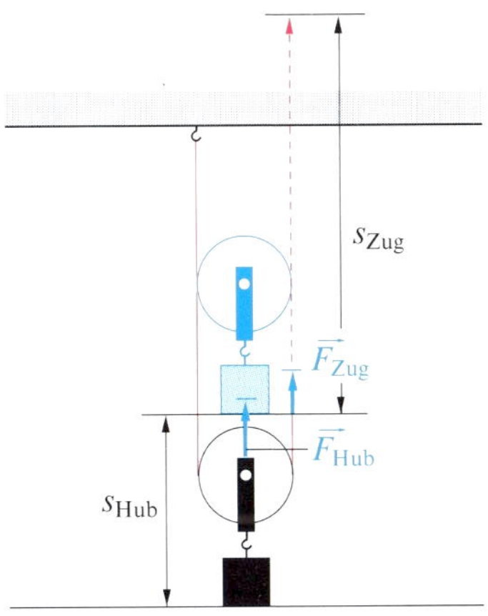

$F_{Zug} = \frac{F_{Hub}}{2}$

$s_{Zug} = 2\, s_{Hub}$

Flaschenzug

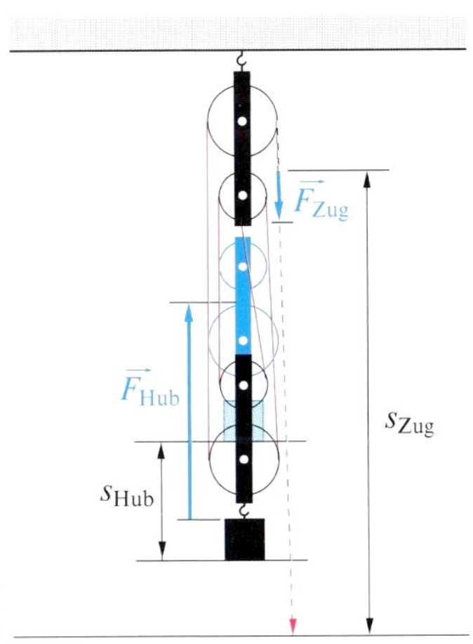

$F_{Zug} = \frac{F_{Hub}}{n}$

$s_{Zug} = n \cdot s_{Hub}$

n Anzahl der tragenden Seilstücke

Kraftumformende Einrichtungen

Hebel	Geneigte Ebene
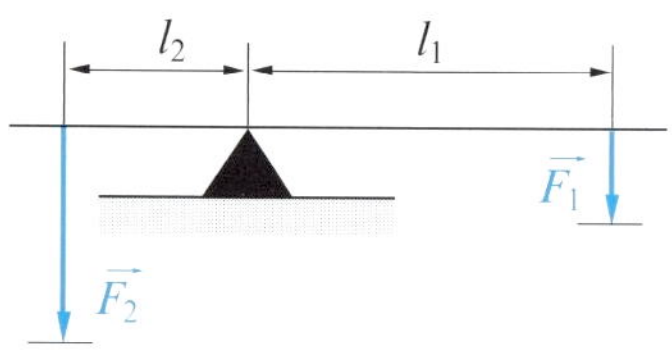	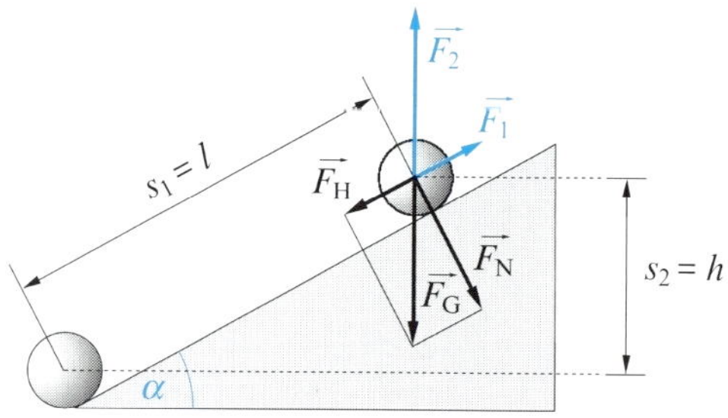
$\frac{F_1}{F_2} = \frac{l_2}{l_1}$ F_1; F_2 Kräfte; l_1; l_2 Länge der Kraftarme	$\frac{F_H}{F_G} = \frac{h}{l}$; $F_H = F_G \cdot \sin \alpha$; F_H Hangabtriebskraft, F_G Gewichtskraft, F_N Normalkraft
Goldene Regel der Mechanik	Für kraftumformende Einrichtungen gilt: $F_1 \cdot s_1 = F_2 \cdot s_2$

Kinematik

Größen zur Beschreibung von Bewegungen

Geschwindigkeit v		
Gleichförmige Bewegung	$v = \frac{\Delta s}{\Delta t}$; $v = \frac{s}{t}$	
Ungleichförmige Bewegung	$\bar{v} = \frac{\Delta s}{\Delta t}$	$\bar{v}$ Durchschnittsgeschwindigkeit
Beschleunigung a		
Gleichmäßig beschleunigte Bewegung	$a = \frac{\Delta v}{\Delta t}$; $a = \frac{v}{t}$	
Ungleichmäßig beschleunigte Bewegung	$\bar{a} = \frac{\Delta v}{\Delta t}$	$\bar{a}$ mittlere Beschleunigung
Drehzahl n		
Drehbewegung	$n = \frac{1}{T}$	T Umlaufzeit

Zusammensetzung von zwei Geschwindigkeiten $\vec{v_1}$ und $\vec{v_2}$

$\vec{v_1}$ und $\vec{v_2}$ sind gleich gerichtet.	$\vec{v_1}$ und $\vec{v_2}$ sind entgegengesetzt gerichtet.	$\vec{v_1}$ und $\vec{v_2}$ stehen senkrecht aufeinander.	$\vec{v_1}$ und $\vec{v_2}$ bilden einen beliebigen Winkel miteinander.
$v_R = v_1 + v_2$ v_R resultierende Geschwindigkeit	$v_R = v_1 - v_2$ v_R resultierende Geschwindigkeit	$v_R = \sqrt{v_1^2 + v_2^2}$ v_R resultierende Geschwindigkeit	$v_R = \sqrt{v_1^2 + v_2^2 + 2 v_1 v_2 \cdot \cos \alpha}$ v_R resultierende Geschwindigkeit
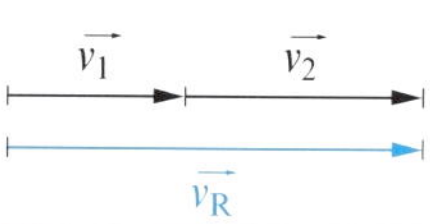	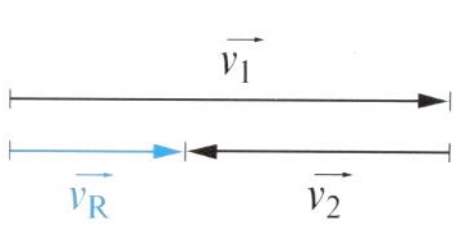	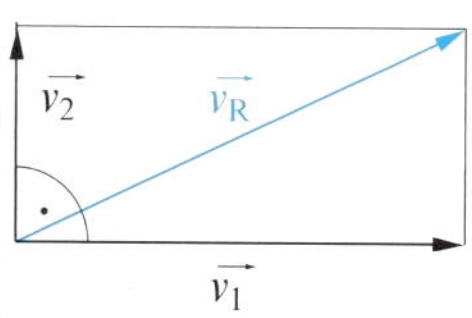	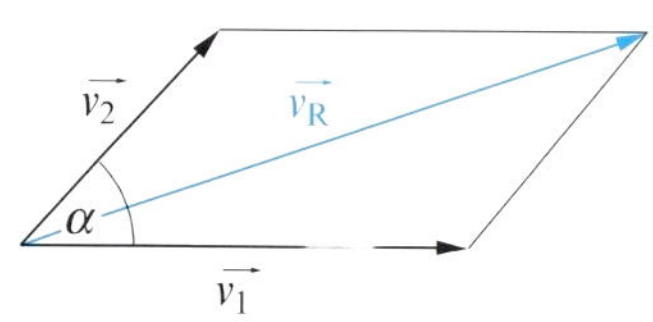

Bewegungsgesetze		
	Gleichförmige Bewegung	Ungleichförmige Bewegung
Weg s	$s = v \cdot t + s_0$ $s = v \cdot t \quad (s_0 = 0)$	$s = \frac{a}{2} \cdot t^2 + v_0 \cdot t + s_0$ $s = \frac{a}{2} \cdot t^2 = \frac{v \cdot t}{2} \qquad (s_0 = 0;\ v_0 = 0)$
Geschwindigkeit v	$v = \frac{s}{t}$; $v =$ konst.	$v = a \cdot t + v_0$ $v = a \cdot t = \sqrt{2a \cdot s}\ (s_0 = 0;\ v_0 = 0)$
Kreisbewegung Bahngeschwindigkeit	$v = \frac{s}{t} = \frac{2\pi \cdot r}{T}$; $v = \omega \cdot r$	
Winkelgeschwindigkeit	$\omega = \frac{2\pi}{T} = 2\pi \cdot f$	
Beschleunigung a	$a = 0$	$a = \frac{v}{t}$; $a =$ konst.
Kreisbewegung Tangentialbeschleunigung	$a_t = 0$	$a_t = \alpha \cdot r$
Radialbeschleunigung	$a_r = \frac{v^2}{r} = \omega^2 \cdot r$	
Weg-Zeit-Gesetz	$s = v \cdot t + s_0$	$s = \frac{a}{2} \cdot t^2 + v_0 \cdot t + s_0$
Ort-Zeit-Gesetz	$x = v_x \cdot t + x_0$	$x = \frac{a_x}{2} \cdot t^2 + v_{0,x} \cdot t + x_0$
Geschwindigkeit-Zeit-Gesetz	$v =$ konst.	$v = a \cdot t$

Wurfbewegungen			
Wurfart	Gesetze	Gleichungen	
Senkrechter Wurf		*Wurfrichtung nach oben*	*Wurfrichtung nach unten*
	Ort-Zeit-Gesetz	$y = v_0 \cdot t - \frac{g}{2} \cdot t^2$	$y = -v_0 \cdot t - \frac{g}{2} \cdot t^2$
	Geschwindigkeit-Zeit-Gesetz	$v = v_0 - g \cdot t$	$v = -v_0 - g \cdot t$
	Steigzeit t_h	$t_h = \frac{v_0}{g}$	
	Steighöhe s_h	$s_h = \frac{v_0^2}{2g}$	
		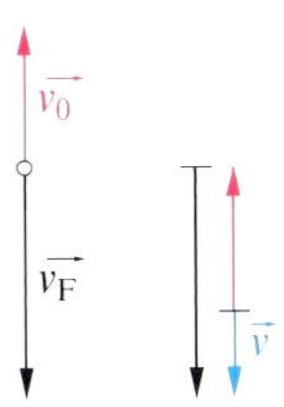 v_F Geschwindigkeit des freien Falls, $v_F = g \cdot t$	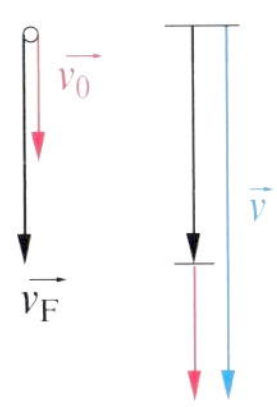
Waagerechter Wurf	Ort-Zeit-Gesetz	$x = v_0 \cdot t;\ y = -\frac{g}{2} \cdot t^2$	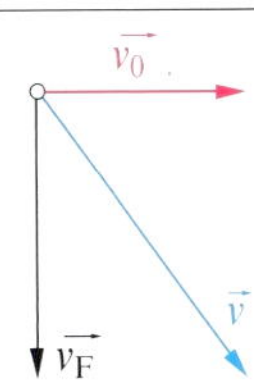 v_F Geschwindigkeit des freien Falls, $v_F = g \cdot t$
	Geschwindigkeit-Zeit-Gesetz	$v = \sqrt{v_0^2 + g^2 \cdot t^2}$	
	Wurfparabel	$y = -\frac{g}{2v_0^2}\, x^2$	

Wurfart	Gesetze	Gleichungen
Schräger Wurf	Ort-Zeit-Gesetz	$x = v_0 \cdot t \cdot \cos\alpha;\quad y = -\frac{g}{2} \cdot t^2 + v_0 \cdot t \cdot \sin\alpha$
	Geschwindigkeit-Zeit-Gesetz	$v = \sqrt{v_0^2 + g^2 \cdot t^2 - 2v_0 \cdot t \cdot \sin\alpha}$
	Wurfparabel	$y = -\frac{g}{2} \cdot \frac{x^2}{v_0^2 \cdot \cos^2\alpha} + x \cdot \tan\alpha$
	Wurfweite s_w	$s_w = \frac{v_0^2 \cdot \sin 2\alpha}{g}$
	Wurfhöhe s_h	$s_h = \frac{v_0^2 \cdot \sin^2\alpha}{2g}$
	Steigzeit t_h	$t_h = \frac{v_0 \cdot \sin\alpha}{g}$ 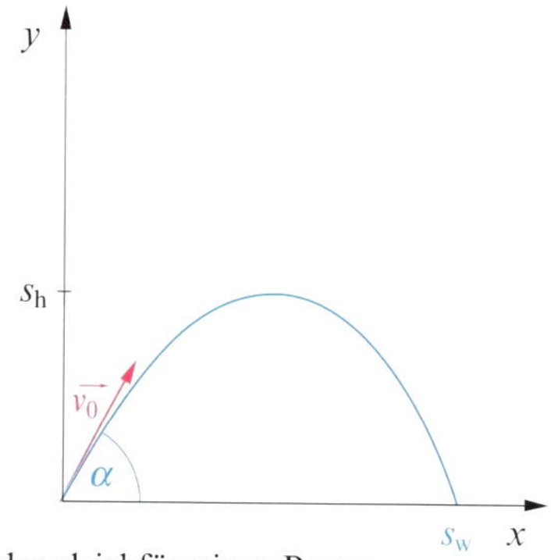
		v_0 Geschwindigkeit der gleichförmigen Bewegung

Dynamik

Grundgesetz	
Für die Translation $F = m \cdot a$	Für die Rotation $M = J \cdot \alpha$
Kreisbewegung eines Massepunktes (für v = konst.)	
Radialbeschleunigung a_r	Radialkraft F_r
$a_r = \frac{v^2}{r}$	$F_r = \frac{m \cdot v^2}{r} = m \cdot a_r;\quad F_r = \frac{4\pi^2 \cdot m \cdot r}{T^2}$
Rotation eines starren Körpers	
Drehmoment $M = F \cdot r$ (für $\vec{F} \perp \vec{r}$)	Trägheitsmoment $J = \int r^2 \cdot \mathrm{d}m$

Reibungskraft

Gleitreibung	Rollreibung
$F_R = \mu_{Gleit} \cdot F_N$ (Auf waagerechter Bahn gilt: $F_N = F_G$.) F_R Reibungskraft F_N Normalkraft μ_{Gleit} Reibungszahl der Gleitreibung	$F_R = \mu_r \cdot \frac{F_N}{r}$ F_R Reibungskraft F_N Normalkraft μ_r Reibungszahl der Rollreibung r Radius des rollenden Körpers

Arbeit und Energie

Mechanische Arbeit		
Mechanische Arbeit W	$W = F \cdot s$ $W = F \cdot s \cdot \cos \alpha$ F Kraft s Weg α Winkel zwischen den Richtungen von Kraft und Weg	Wenn F = konst.; $\sphericalangle (\vec{F}, \vec{s}) = 0$. Wenn F = konst.; $\sphericalangle (\vec{F}, \vec{s}) = \alpha \quad \alpha \neq 0$.
Hubarbeit W_{Hub}	$W_{Hub} = F_G \cdot s_{Hub}$ F_G Gewichtskraft s_{Hub} Hubhöhe	$W_{Hub} = m \cdot g \cdot h$
Reibungsarbeit W_R	$W_R = F_R \cdot s$ F_R Reibungskraft F_N Normalkraft μ Reibungszahl der Gleitreibung	$W_R = \mu \cdot F_N \cdot s$
Beschleunigungsarbeit W_B	$W_B = m \cdot a \cdot s$ F_B beschleunigende Kraft	$W_B = F_B \cdot s$
Federspannarbeit W_F	$W_F = \frac{1}{2} F_E \cdot s$ F_E Endkraft k Federkonstante s Längenänderung der Feder	$W_F = \frac{1}{2} k \cdot s^2$
Arbeit im Gravitationsfeld W_G	$W_G = \gamma \cdot m_1 \cdot m_2 \cdot \left[\frac{1}{r_1} - \frac{1}{r_2}\right]$	γ Gravitationskonstante r_1, r_2 Abstände der Körper mit den Massen m_1 und m_2

Mechanische Energie			
Potenzielle Energie E_{pot}		Kinetische Energie E_{kin}	
im erdnahen Gravitationsfeld	einer gespannten Feder	Translation	Rotation
$E_{pot} = F_G \cdot h$ $E_{pot} = m \cdot g \cdot h$ F_G Gewichtskraft h Höhe m Masse g Fallbeschleunigung	$E_{pot} = \frac{1}{2} F_E \cdot s$ $E_{pot} = \frac{1}{2} k \cdot s^2$ F_E Endkraft k Federkonstante s Längenänderung der Feder	$E_{kin} = \frac{m \cdot v^2}{2}$ m Masse v Geschwindigkeit	$E_{kin} = \frac{1}{2} J \cdot \omega^2$ J Trägheitsmoment ω Winkelgeschwindigkeit
Gesetz von der Erhaltung der mechanischen Energie	In einem abgeschlossenen reibungsfreien mechanischen System gilt: $E_{ges} = E_{pot} + E_{kin}$ = konst. $E_{pot,a} + E_{kin,a} = E_{pot,e} + E_{kin,e}$	$E_{pot,a(e)}$ potenzielle Energie am Anfang/Ende der Energieumwandlung $E_{kin,a(e)}$ kinetische Energie am Anfang/Ende der Energieumwandlung	
Zusammenhang Arbeit und Energie	$W = \Delta(E_{pot} + E_{kin})$; $\quad W = E_{mech,e} - E_{mech,a}$		

Mechanische Leistung

Leistung P	$P = \frac{W}{t}$ (für W = konst.) $P = F \cdot v$ (für v = konst.)	Wirkungsgrad η	$\eta = \frac{E_{nutz}}{E_{auf}}$; $\eta = \frac{P_{ab}}{P_{zu}}$ E_{nutz} nutzbare Energie E_{auf} aufgewandte Energie P_{ab} abgegebene Leistung P_{zu} zugeführte Leistung

Gravitation

Gravitationsgesetz, Gravitationskraft F	$F = \gamma \cdot \frac{m_1 \cdot m_2}{r^2}$	γ Gravitationskonstante r Abstand der Körper mit den Massen m_1 und m_2

Kepler'sche Gesetze

siehe Kapitel Astronomie, Seite 68

Kosmische Geschwindigkeiten

siehe Kapitel Astronomie, Seite 68

Mechanische Schwingungen

Periodendauer T, Schwingungsdauer T	$T = \frac{t}{n}$; $T = \frac{1}{f}$; $T = 2\pi \sqrt{\frac{l}{g}}$	n Anzahl der Schwingungen l Länge des Pendels
Schwingungsdauer T eines Federschwingers	$T = 2\pi \sqrt{\frac{m}{k}}$	m Masse des Körpers k Federkonstante
Frequenz f	$f = \frac{n}{t}$; $f = \frac{1}{T}$	n Anzahl der Schwingungen

Mechanische Wellen

Ausbreitungs-geschwindigkeit v	$v = \lambda \cdot f$	λ Wellenlänge f Frequenz	
Reflexion	$\alpha = \alpha'$	α Einfallswinkel α' Reflexionswinkel	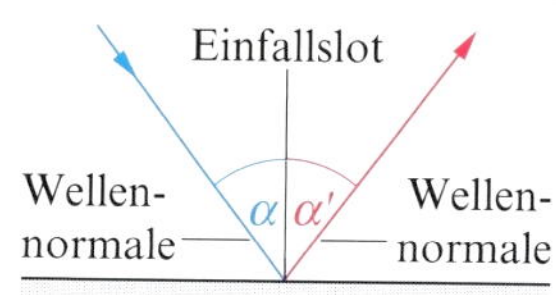
Brechung	$c_1 > c_2$ $\alpha > \beta$ $\frac{\sin \alpha}{\sin \beta} = n_{1,2} = \frac{c_1}{c_2}$ $(\alpha \neq 0)$	c_1, c_2 Geschwindigkeit in den beiden Medien α Einfallswinkel β Brechungswinkel	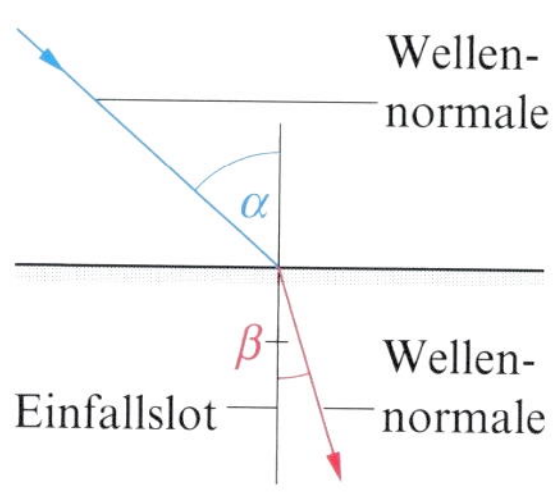

Akustik

Schwingende Saiten	
Frequenz f	$f = \frac{1}{2l}\sqrt{\frac{F}{\varrho \cdot A}}$ l Länge der Saite F Spannkraft der Saite ϱ Dichte des Saitenmaterials A Querschnitt der Saite
Schwingende Luftsäulen	
Frequenz f einer offenen Pfeife (für den Grundton)	$f = \frac{c}{2l}$ c Schallgeschwindigkeit in Luft l Länge der schwingenden Luftsäule λ Wellenlänge der entstehenden Schallwelle 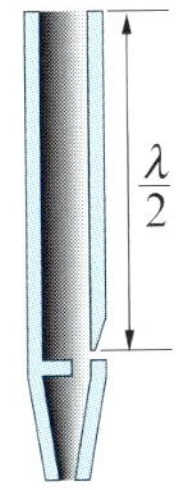
Frequenz f einer geschlossenen Pfeife (für den Grundton)	$f = \frac{c}{4l}$ c Schallgeschwindigkeit in Luft l Länge der schwingenden Luftsäule λ Wellenlänge der entstehenden Schallwelle 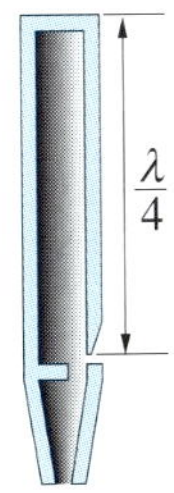

Mechanik der Flüssigkeiten und Gase

Größen

Gasdruck	Dichte	Auflagedruck	Kolbendruck	Schweredruck
$p = \frac{F}{A}$ Bedingung: $\vec{F} \perp A$	$\varrho = \frac{m}{V}$	$p = \frac{F}{A}$	$p = \frac{F}{A}$ Bedingung: $\vec{F} \perp A$	$p = \frac{F_G}{A} = h \cdot \varrho \cdot g$

Hydraulische Anlagen

$$\frac{F_P}{F_A} = \frac{A_P}{A_A}$$

Bedingung:
Vernachlässigung der Reibung

F_P Kraft am Pumpenkolben
A_P Fläche des Pumpenkolbens
F_A Kraft am Arbeitskolben
A_A Fläche des Arbeitskolbens

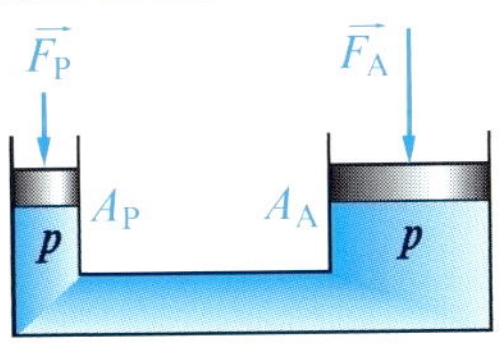

Stationäre Strömung

$$\frac{A_1}{A_2} = \frac{v_2}{v_1}$$

A_1, A_2 Querschnittsflächen
v_1, v_2 Geschwindigkeiten der Strömung

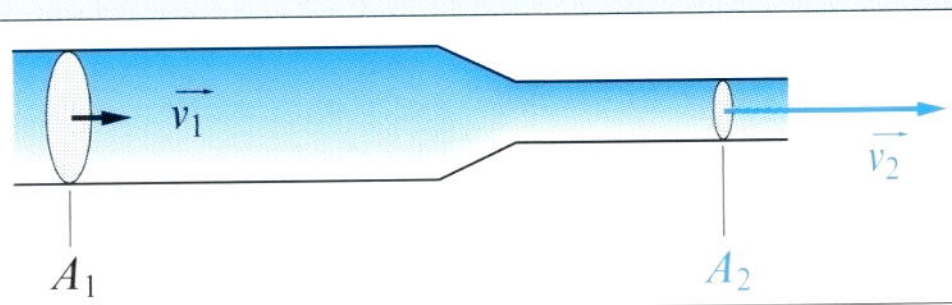

Auftrieb			
Auftriebskraft			
$F_A = \varrho \cdot V \cdot g$	Das eingetauchte Volumen des Körpers ist gleich dem Volumen der verdrängten Flüssigkeit.		V Volumen ϱ Dichte der Flüssigkeit g Fallbeschleunigung
Sinken	Schweben	Steigen	Schwimmen
$F_G > F_A$	$F_G = F_A$	$F_G < F_A$	$F_G = F_A$

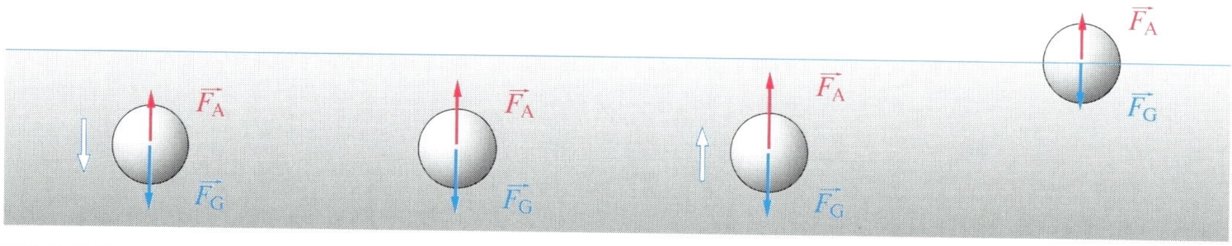

Grundgleichungen der Thermodynamik

Grundgleichung der Wärmelehre Berechnung der Wärme Q	Leistung P_{th} von Wärmequellen	Gesetz des Wärmeaustauschs	Wirkungsgrad η von Wärmequellen
$Q = m \cdot c \cdot \Delta T$ c spezifische Wärmekapazität m Masse ΔT Temperaturänderung	$P_{th} = \frac{Q_{ab}}{t}$ Q_{ab} abgegebene Wärme t Zeit	$Q_{zu} = Q_{ab}$ Q_{zu} zugeführte Wärme Q_{ab} abgegebene Wärme	$\eta = \frac{Q_{ab}}{Q_{zu}}$ Q_{ab} abgegebene Wärme Q_{zu} zugeführte Wärme

Thermisches Verhalten von festen Stoffen und Flüssigkeiten

Spezifische Schmelzwärme q_S	Spezifische Verdampfungswärme q_V	Längenänderung Δl	Länge l eines Körpers	Volumenänderung ΔV	Volumen V eines Körpers
$q_S = \frac{Q_S}{m}$ Q_S Schmelzwärme	$q_V = \frac{Q_V}{m}$ Q_V Verdampfungswärme	$\Delta l = \alpha \cdot l \cdot \Delta T$ α linearer Ausdehnungskoeffizient	$l = l_0 (1 + \alpha \cdot \Delta T)$ Bedingung: α = konst.	$\Delta V = \gamma \cdot V \cdot \Delta T$ γ kubischer Ausdehnungskoeffizient	$V = V_0 (1 + \gamma \cdot \Delta T)$ Bedingung: γ = konst.

Richmann'sche Mischungsregel

$T_M = \frac{m_A \cdot c_{p,A} \cdot T_{a,A} + m_B \cdot c_{p,B} \cdot T_{a,B}}{m_A \cdot c_{p,A} + m_B \cdot c_{p,B}}$ (ohne Änderung des Aggregatzustandes)	T_M $T_{a,A}$, $T_{a,B}$ $c_{p,A}$, $c_{p,B}$ m_A, m_B	Mischungstemperatur Ausgangstemperaturen der Körper spezifische Wärmekapazitäten der Stoffe Massen der Körper

Gasgesetze

Druck-Volumen-Gesetz (Boyle'sches Gesetz)	Druck-Temperatur-Gesetz (Gesetz von Amontons)	Volumen-Temperatur-Gesetz (Gesetz von Gay-Lussac)
$\frac{p_1}{p_2} = \frac{V_2}{V_1}$ (T = konst.) $p \cdot V$ = konst.	$\frac{p_1}{p_2} = \frac{T_1}{T_2}$ (V = konst.) $\frac{p}{T}$ = konst.	$\frac{V_1}{V_2} = \frac{T_1}{T_2}$ (p = konst.) $\frac{V}{T}$ = konst.

Kinetische Gastheorie

Anzahl der Gasteilchen N	$N = N_A \cdot n$	N_A Avogadro-Konstante n Stoffmenge
Molares Volumen V_m	$V_m = \frac{V}{n}$	V Volumen n Stoffmenge
Molare Masse M	$M = \frac{m}{n}$	m Masse n Stoffmenge
Masse eines Teilchens m_T	$m_T = \frac{M}{N_A}$	M molare Masse N_A Avogadro-Konstante

Ideales Gas

Normzustand des idealen Gases	T_n = 273,15 K p_n = 1,013 25 bar p_n = 1013,25 hPa $V_{m,n} = 2{,}2415 \cdot 10^{-2}\ m^3 \cdot mol^{-1}$ $\gamma = 1/273{,}15\ K^{-1}$	T_n Normtemperatur p_n Normdruck $V_{m,n}$ molares Normvolumen γ kubischer Ausdehnungskoeffizient

Gleichstrom

Elektrische Stromstärke I	$I = \frac{Q}{t}$	Q elektrische Ladung t Zeit
Elektrische Spannung U	$U = \frac{W}{Q}$	W Arbeit Q elektrische Ladung
Elektrischer Widerstand R	$R = \frac{U}{I}$	
Ohm'sches Gesetz	$U \sim I$; R = konst.	
Widerstandsgesetz	$R = \frac{\varrho \cdot l}{A}$	ϱ spezifischer elektrischer Widerstand l Länge A Fläche
Elektrische Arbeit W_{el} (für U = konst., I = konst., R = konst.)	$W_{el} = U \cdot I \cdot t$; $W_{el} = I^2 \cdot R \cdot t$; $W_{el} = \frac{U^2 \cdot t}{R}$; $W_{el} = U \cdot Q$	
Elektrische Leistung P_{el}	$P_{el} = U \cdot I$; $P_{el} = I^2 \cdot R$; $P_{el} = \frac{U^2}{R}$	

Stromkreisarten

Unverzweigter Stromkreis (Reihenschaltung)	Verzweigter Stromkreis (Parallelschaltung)
$I = I_1 = I_2$ $U = U_1 + U_2$ $R = R_1 + R_2$ 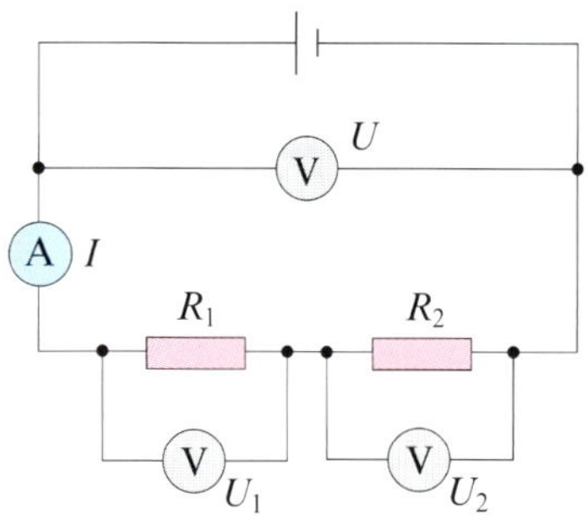	$I = I_1 + I_2$ $U = U_1 = U_2$ $\frac{1}{R} = \frac{1}{R_1} + \frac{1}{R_2}$ $R = \frac{R_1 \cdot R_2}{R_1 + R_2}$ 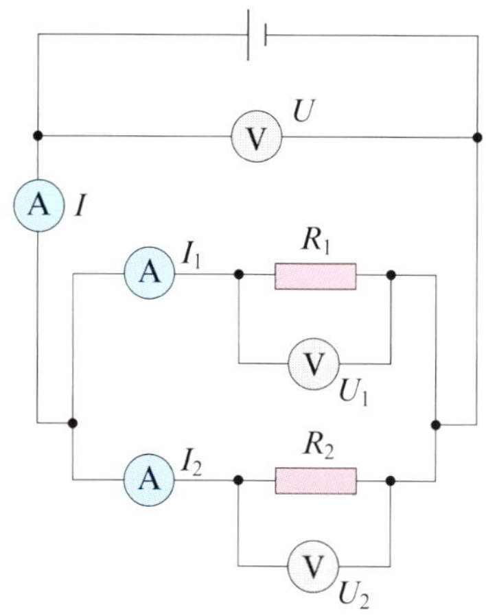
Spannungsteilerregel $\frac{U_1}{U_2} = \frac{R_1}{R_2}$ (I = konst.)	**Stromteilerregel** $\frac{I_1}{I_2} = \frac{R_2}{R_1}$ (U = konst.)

Leitungsvorgänge

Diode		Transistor	
pn-Gebiet in Durchlass-richtung	pn-Gebiet in Sperr-richtung	npn-Transistor	pnp-Transistor
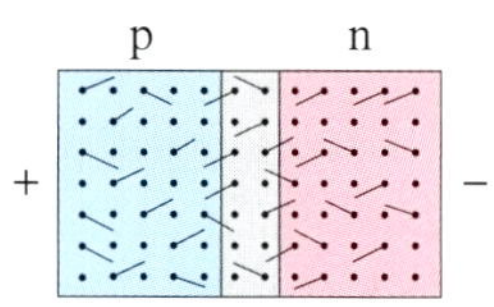	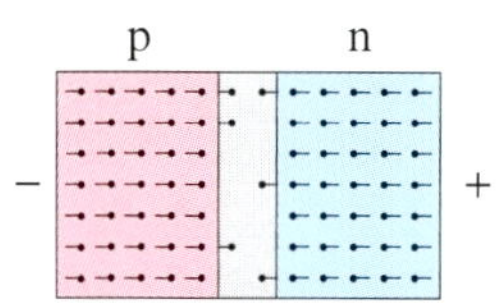	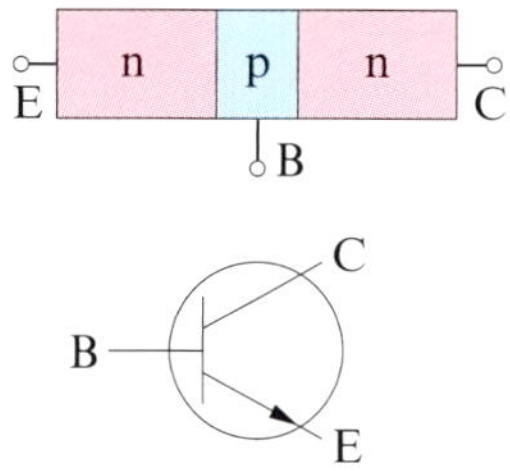	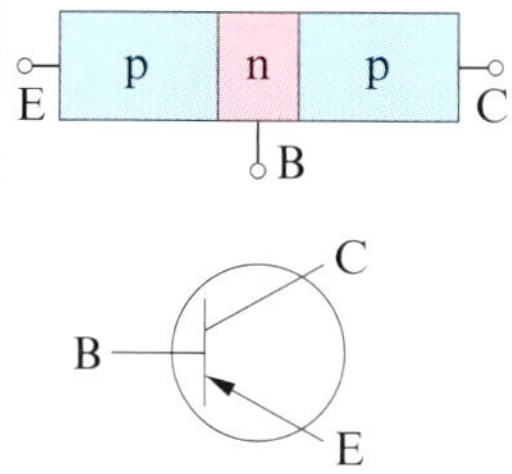

Elektrostatisches Feld

Elektrische Ladung Q	$Q = I \cdot t$ für I = konst.	I elektrische Stromstärke t Zeit
Coulomb'sches Gesetz (Kraft F zwischen zwei Ladungen)	$F = \frac{1}{4\pi \cdot \varepsilon} \cdot \frac{Q_1 \cdot Q_2}{r^2}$	ε Dielektrizitätskonstante r Abstand zwischen den Körpern Q elektrische Ladung
Elektrische Feldstärke E im homogenen Feld eines Plattenkondensators	$E = \frac{U}{s}$	U elektrische Spannung s Abstand der Platten voneinander
Elektrische Energie E_{el} eines geladenen Platten-kondensators	$E_{el} = \frac{1}{2}\, U \cdot Q$	U elektrische Spannung Q elektrische Ladung

Kapazität C eines Kondensators – allgemein – für einen Plattenkondensator	$C = \frac{Q}{U}$ $C = \varepsilon \cdot \frac{A}{s}$	Q elektrische Ladung U elektrische Spannung ε Dielektrizitätskonstante A Fläche des Kondensators s Abstand der Platten voneinander

Wechselstrom

Momentanwerte der Wechselspannung u bzw. der Wechselstromstärke i	$u = u_{max} \cdot \sin(\omega \cdot t)$ $i = i_{max} \cdot \sin(\omega \cdot t)$	ω Kreisfrequenz u_{max} Maximalwert der Wechselspannung i_{max} Maximalwert der Wechselstromstärke
Effektivwerte der Wechselspannung U bzw. der Wechselstromstärke I	$U = \frac{1}{2}\sqrt{2} \cdot u_{max} \approx 0{,}707 \cdot u_{max}$ $I = \frac{1}{2}\sqrt{2} \cdot i_{max} \approx 0{,}707 \cdot i_{max}$	

Scheitelwert und Effektivwert

Scheitelwert der Spannung U_S	$U_S = U \cdot \sqrt{2}$	U Effektivwert der Spannung
Scheitelwert der Stromstärke I_S	$I_S = I \cdot \sqrt{2}$	I Effektivwert der Stromstärke

Widerstände im Wechselstromkreis

Ohmscher Widerstand R	Induktiver Widerstand X_L	Kapazitiver Widerstand X_C
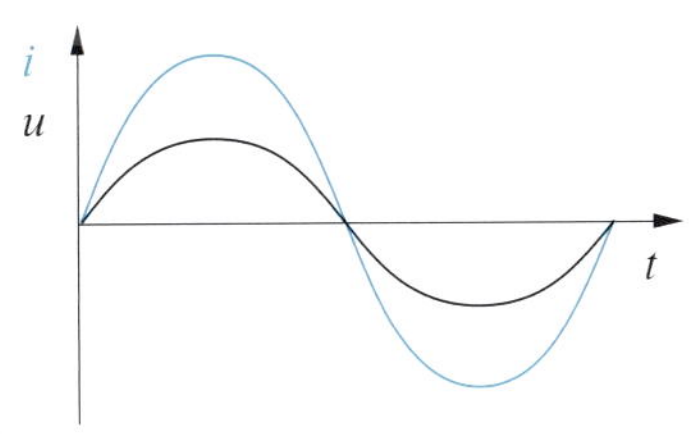	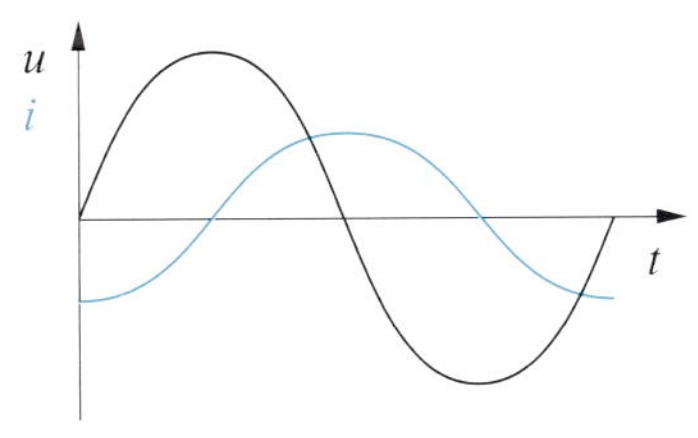	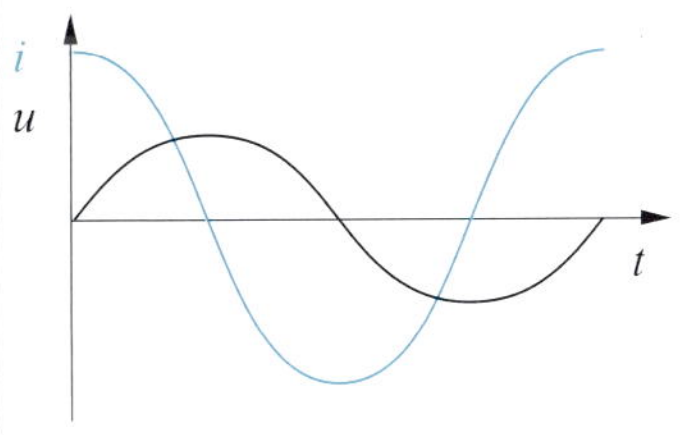
$R = \frac{U}{I}$ U Effektivwert der Spannung I Effektivwert der Stromstärke	$X_L = \omega \cdot L$ ω Kreisfrequenz L Induktivität	$X_C = \frac{1}{\omega \cdot C}$ ω Kreisfrequenz C Kapazität

Leistung und Arbeit im Wechselstromkreis

Leistungsfaktor $\cos\varphi$	$\cos\varphi = \frac{P_p}{P_S}$	P_p Wirkleistung P_S Scheinleistung
Wirkleistung P_p	$P_p = U \cdot I \cdot \cos\varphi = P_S \cdot \cos\varphi$	P_S Scheinleistung $\cos\varphi$ Leistungsfaktor
Wirkarbeit W	$W = P_p \cdot t = U \cdot I \cdot \cos\varphi \cdot t$	P_p Wirkleistung $\cos\varphi$ Leistungsfaktor t Zeit

Transformator

Spannungsverhältnis am unbelasteten Transformator	$\frac{U_1}{U_2} = \frac{N_1}{N_2}$	U_1 Primärspannung U_2 Sekundärspannung N_1 Windungszahl der Primärspule N_2 Windungszahl der Sekundärspule
Stromstärkeverhältnis am belasteten Transformator	$\frac{I_1}{I_2} = \frac{N_2}{N_1}$	I_1 Primärstromstärke I_2 Sekundärstromstärke N_1 Windungszahl der Primärspule N_2 Windungszahl der Sekundärspule

Elektromagnetische Wellen; Lichtwellen

Ausbreitungsgeschwindigkeit c	$c = \lambda \cdot f$	λ Wellenlänge f Frequenz

Optik

Reflexionsgesetz	$\alpha = \alpha'$	α Einfallswinkel α' Reflexionswinkel
Brechzahl n	$n = \frac{\sin \alpha}{\sin \beta}$	α Einfallswinkel β Brechungswinkel
Brechungsgesetz	$\frac{\sin \alpha}{\sin \beta} = \frac{n_b}{n_a}$ $\frac{\sin \alpha}{\sin \beta} = \frac{c_1}{c_2}$	n_a, n_b Brechzahl für den Übergang vom Vakuum zum jeweiligen Stoff c_1, c_2 Lichtgeschwindigkeit im jeweiligen Stoff
Abbildungsgleichung (für dünne Linsen)	$\frac{1}{f} = \frac{1}{g} + \frac{1}{b}$	f Brennweite g Gegenstandsweite, Objektweite b Bildweite
Abbildungsmaßstab	$\frac{y}{y'} = \frac{g}{b}$	y Gegenstandsgröße y' Bildgröße g Gegenstandsweite, Objektweite b Bildweite

Kernphysik

Atomare Masseneinheit u	$1\,\mathrm{u} = \frac{1}{12}\, m_a(^{12}\mathrm{C})$	m_a Atommasse
Relative Atommasse A_r	$A_r = \frac{m_a}{\mathrm{u}}$	m_a Atommasse u atomare Masseneinheit
Massenzahl A	$A = Z + N$	Z Protonenanzahl N Neutronenanzahl

Schaltzeichen und Sinnbilder

Schaltzeichen

Symbol	Bedeutung
+	positiver Anschluss
—	negativer Anschluss
—	Gleichstrom, Gleichspannung (rechts am Kennzeichen anzugeben)
~	Wechselstrom, Wechselspannung (Frequenz oder Frequenzbereich rechts am Kennzeichen anzugeben)
≂	Allstrom, Gleich- oder Wechselstrom, Gleich- oder Wechselspannung
≈	Wechselspannung mittlerer Frequenz (Tonfrequenz)
—	Leiter, Leitung, Stromweg
	Abzweig von 2 Leitern
	Doppelabzweig von Leitern
	Erde, allgemein Verbindung mit der Erde
	Masse, Gehäuse
○	Anschluss (z. B. Buchse)
•	Verbindung von Leitern
	Buchse, Pol einer Steckdose
	Stecker, Pol eines Steckers

Symbol	Bedeutung
	Buchse und Stecker Steckverbindung
	Primärzelle, Akkumulator
	Batterie von Primärelementen, Akkumulatorenbatterie
	Sicherung, allgemein
	Schließer, Schalter, allgemein
	Öffner
	Wechsler mit Unterbrechung
	Zweiwegschließer mit Mittelstellung „Aus“
	Relaisspule, allgemein
	Widerstand, allgemein
	Widerstand mit Schleifkontakt, Potentiometer
	Widerstand mit Schleifkontakt, einstellbar
	Widerstand, veränderbar, allgemein
$t°$	Widerstand, temperaturabhängig, mit positivem Temperaturkoeffizienten (Thermistor, Kaltleiter)
$-t°$	Widerstand, temperaturabhängig, mit negativem Temperaturkoeffizienten

Symbol	Bedeutung
	Heizelement
	Kondensator, allgemein
	Kondensator, gepolt
	Kondensator, einstellbar
	Kondensator, veränderbar
	Spule mit Eisenkern
	Transformator, veränderbare Kopplung
	Transformator mit Mittelanzapfung an einer Wicklung
	Antenne, allgemein
	Halbleiterdiode
	Diode, Katode direkt geheizt
	Triode, Katode direkt geheizt
	npn-Transistor, bei dem der Kollektor mit dem Gehäuse verbunden ist
	Fotoelement, Fotozelle
	Diode, lichtempfindlich Fotodiode
	Leuchtdiode, allgemein
β	Zählrohr (z. B. zur Messung von β-Strahlung)

Symbol	Bedeutung	Symbol	Bedeutung	Symbol	Bedeutung
	Oszilloskop	Ⓖ	Generator, allgemein	Ⓐ	Strommessgerät, anzeigend
	Glühlampe	Ⓜ	Elektromotor		
	Lautsprecher, allgemein	$\underline{\text{M}}$ (im Kreis)	Gleichstrommotor	Ⓥ	Spannungsmessgerät, anzeigend
	Mikrofon, allgemein	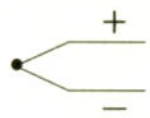	Thermoelement	Ⓦ	Leistungsmessgerät, anzeigend
	Hörer, allgemein		Messgerät, anzeigend, allgemein, ohne Kennzeichnung der Messgröße		Galvanometer
	Wecker, allgemein				

Verknüpfungsfunktionen

Benennung	Neue Norm	USA-Symbol	Verknüpfungsgleichung
UND-Verknüpfung (AND)	A, B –[&]– Q	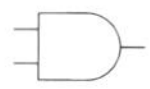	$Q = A \wedge B$
NAND	A, B –[&]○– Q	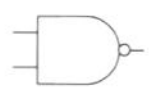	$Q = \overline{A \wedge B}$
ODER-Verknüpfung (OR)	A, B –[≥1]– Q		$Q = A \vee B$
NOR	A, B –[≥1]○– Q	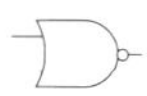	$Q = \overline{A \vee B}$
EXOR (Exklusiv ODER)	A, B –[=1]– Q	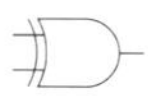	$Q = (\overline{A} \wedge B) \vee (A \wedge \overline{B})$
EX-NOR (Exklusiv NOR)	A, B –[=1]○– Q	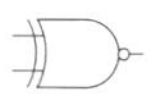	$Q = (A \wedge B) \vee (\overline{A} \wedge \overline{B})$
Negation (NICHT-Verknüpfung)	A –[1]○– Q	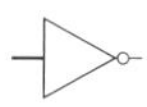	$Q = \overline{A}$
Hinweis	Darin bedeuten: $\wedge$ und (Konjunktion), $\vee$ oder (Disjunktion), ‾ über der Aussage bedeutet Negation der Aussage, ° beim Ausgangsglied weist auf die Negation hin.		

Astronomie

Einheiten und Konstanten

Einheiten der Länge

Name der Einheit	Einheitenzeichen	Beziehungen
Astronomische Einheit Parsec Lichtjahr	AE pc Lj, ly	1 AE = $149{,}6 \cdot 10^6$ km = $4{,}85 \cdot 10^{-6}$ pc = $15{,}8 \cdot 10^{-6}$ Lj 1 pc = $30{,}857 \cdot 10^{12}$ km = $0{,}206 \cdot 10^6$ AE = 3,26 Lj 1 Lj = $9{,}4605 \cdot 10^{12}$ km = $63{,}239 \cdot 10^3$ AE = 0,306 8 pc

Einheiten der Zeit

Definition des Jahres tropisch siderisch	 365 d 5 h 48 min 46 s 365 d 6 h 9 min 9 s
Definition des Monats siderisch synodisch	 27,32 d (27 d 7 h 43 min 12 s) 29,53 d (29 d 12 h 44 min 3 s)
Definition des Tages Sterntag Sonnentag	 24 h Sternzeit = 23 h 56 min 4,1 s Sonnenzeit 24 h Sonnenzeit = 24 h 3 min 56,6 s Sternzeit

Konstanten

Größe	Formelzeichen	Wert
Lichtgeschwindigkeit im Vakuum	c	299 792 458 $\mathrm{m \cdot s^{-1}}$
Gravitationskonstante	γ	$6{,}672 \cdot 10^{-11}\ \mathrm{N \cdot m^2 \cdot kg^{-2}}$
Solarkonstante	E_{e0}	1,36 $\mathrm{kW \cdot m^{-2}}$
Hubble-Konstante	H	55 $\mathrm{km \cdot s^{-1} \cdot Mpc^{-1}}$
Masseverhältnis Mond – Erde	μ	0,012 300 02
Masseverhältnis Sonne – Erde	m_S/m_E	332 964,0
Schiefe der Ekliptik (für das Jahr 2000)	ε	23° 26′ 21,488″
Nutationskonstante (für das Jahr 2000)	N	9,205 5″
Sonnenparallaxe	p_S	8,794 148″
Aberrationskonstante (für das Jahr 2000)	$\bar{k}$	20,495 52″

Größen und Werte

Erde

Größe	Formelzeichen	Wert
Radius am Äquator Radius am Pol	r r	6378 km 6357 km
Abplattung Volumen Masse	$(a-b):a$ V_E m_E	$1:298 \approx 1:300$ $1{,}083 \cdot 10^{12}$ km³ $5{,}975 \cdot 10^{24}$ kg
Mittlere Dichte Fallbeschleunigung in Meereshöhe Luftdruck in Meereshöhe (Normdruck)	ϱ_E g_E p_N	$5{,}524\ \text{g} \cdot \text{cm}^{-3}$ $\approx 9{,}81\ \text{m} \cdot \text{s}^{-2}$ 101,3 kPa = 1013 hPa
Mittlere Entfernung von der Sonne Mittlere Bahngeschwindigkeit	r, S_S v_E	$149{,}6 \cdot 10^6$ km = 1 AE $29{,}785\ \text{km} \cdot \text{s}^{-1}$

Mond

Größe	Formelzeichen	Wert
Mittlere Entfernung von der Erde Mittlerer scheinbarer Radius Radius	s_M R'_M R_M	$3{,}844 \cdot 10^5$ km ≈ 60,3 Erdradien 15′ 32,6″ = 0,259° $1{,}738 \cdot 10^3$ km ≈ 0,2725 Erdradien
Volumen Masse Mittlere Dichte	V_M m_M ϱ_M	$2{,}192 \cdot 10^{10}\ \text{km}^3 \approx 0{,}02\ V_E$ $7{,}35 \cdot 10^{22}\ \text{kg} = 0{,}0123\ m_E$ $3{,}34\ \text{g} \cdot \text{cm}^{-3} \approx 0{,}61\ \varrho_E$
Fallbeschleunigung an der Oberfläche Bahnneigung gegen die Erdbahn	g_M	$1{,}62\ \text{m} \cdot \text{s}^{-2} = 0{,}165\ g_E$ 5° 8′ 43″ = 5,1453°

Planeten des Sonnensystems

Planet	Symbol	Mittlere Bahngeschwindigkeit in $\text{km} \cdot \text{s}^{-1}$	Mittlere Entfernung von der Sonne in 10^6 km	Äquatordurchmesser in km	Masse in Erdmassen	Mittlere Dichte in $\text{g} \cdot \text{cm}^{-3}$
Merkur	☿	47,80	58	4480	0,056	5,4
Venus	♀	35,03	108	12102	0,815	5,2
Erde	♁, ⊕	29,79	149,5	12756	1	5,52
Mars	♂	24,13	228	6788	0,107	3,93
Jupiter	♃	13,06	778	142796	317,82	1,33
Saturn	♄	9,64	1427	120600	95,11	0,69
Uranus	⛢	6,81	2870	51118	14,52	1,27
Neptun	♆	5,43	4497	49562	16,90	1,64
Pluto	♇	4,74	5894	2280	0,0017	≈ 2

Einige Monde der Planeten

Planet und Monde	Entfernung des Mondes vom Planeten in km	Siderische Umlaufzeit in d	Durchmesser in km
Mars			
Phobos	$9{,}38 \cdot 10^3$	0,319	22
Deimos	$23{,}48 \cdot 10^3$	1,262	12
Jupiter			
Ganymed	$1\,070 \cdot 10^3$	7,155	5 276
Callisto	$1\,880 \cdot 10^3$	16,689	4 820
Saturn			
Titan	$1\,222 \cdot 10^3$	15,95	5 150
Rhea	$527 \cdot 10^3$	4,52	1 530
Uranus			
Titania	$436 \cdot 10^3$	8,70	1 610
Oberon	$583 \cdot 10^3$	13,46	1 550
Neptun			
Triton	$355 \cdot 10^3$	5,88	2 705
Nereid	$5\,563 \cdot 10^3$	360	340
Pluto			
Charon	$19{,}6 \cdot 10^3$	6,39*	1 200

* Dauer der Bewegung um den gemeinsamen Schwerpunkt

Sonne

Größe	Formelzeichen	Wert
Mittlere Entfernung von der Erde	S_S	$149{,}6 \cdot 10^6$ km = 1 AE
Mittlerer scheinbarer Radius	R'_S	$16'\,1{,}2'' = 0{,}267°$
Radius	R_S	$6{,}962 \cdot 10^5$ km = 109 Erdradien
Volumen	V_S	$1{,}414 \cdot 10^{18}\ \text{km}^3 = 1{,}3 \cdot 10^6\ V_E$
Masse	m_S	$1{,}989 \cdot 10^{30}\ \text{kg} = 3{,}33 \cdot 10^5\ m_E$
Mittlere Dichte	ϱ_S	$1{,}41\ \text{g} \cdot \text{cm}^{-3} = 0{,}26\ \varrho_E$
Fallbeschleunigung an der Oberfläche	g_S	$274\ \text{m} \cdot \text{s}^{-2} = 27{,}5\ g_E$
Oberflächentemperatur	T	≈ 6 000 K

Einige jährlich wiederkehrende Meteoritenströme

Zeitraum	Name	Herkunft
12. 3. bis 5. 4.	Virginiden	ekliptikal
29. 4. bis 21. 5.	Mai-Aquariden	Komet Halley
25. 7. bis 10. 8.	Juli-Aquariden	ekliptikal
20. 7. bis 19. 8.	Perseiden	Komet 1862 III
11. 10. bis 30. 10.	Orioniden	Komet Halley
5. 12. bis 19. 12.	Geminiden	ekliptikal

Scheinbare Helligkeiten einiger Sterne

Stern (Sternbild)	Scheinbare Helligkeit	Farbe	Entfernung
Sirius (Großer Hund)	$-1{,}46^{m}$	weiß	8,8 Lj
Wega (Leier)	$0{,}04^{m}$	weiß	26 Lj
Rigel (Orion)	$0{,}12^{m}$	weiß	880 Lj
Atair (Adler)	$0{,}77^{m}$	gelblich	16,1 Lj
Aldebaran (Stier)	$0{,}85^{m}$	orange	68 Lj
Spica (Jungfrau)	$0{,}97^{m}$	bläulich	274 Lj
Pollux (Zwillinge)	$1{,}21^{m}$	orange	36 Lj

Radien und mittlere Dichten von Sternen

Stern	Radius in Sonnenradien	Mittlere Dichte in $g \cdot cm^{-3}$
Überriesen	20 bis 750	10^{-7}
Riesen	3 bis 40	10^{-5} bis 10^{-2}
massereiche Hauptreihensterne	0,5 bis 8	10^{-2}
massearme Hauptreihensterne	0,5 bis 8	1 bis 3
Weiße Zwerge	≈ 0,01	10^{5}

Astronomische Koordinaten

	Horizontsystem	Rotierendes Äquatorsystem
Grundkreis	Horizont	Himmelsäquator
Mittelpunkt	Beobachtungsort	Beobachtungsort
Pole	Zenit, Nadir	Himmelspole
Abstandswinkel	Höhe h	Deklination δ
Richtungswinkel	Azimut a	Rektaszension α
Leitpunkt	Südpunkt des Horizonts	Frühlingspunkt ♈

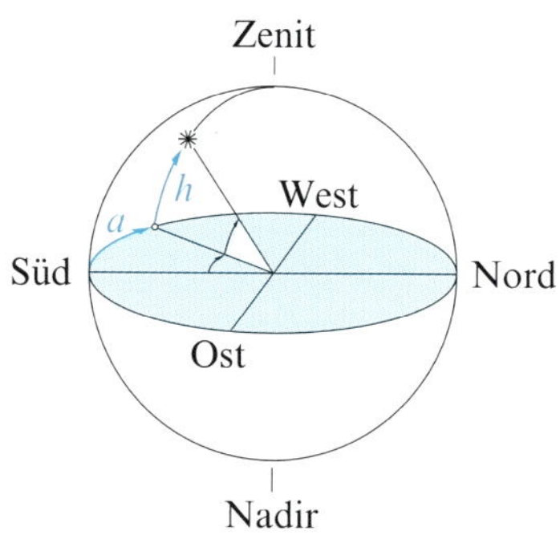

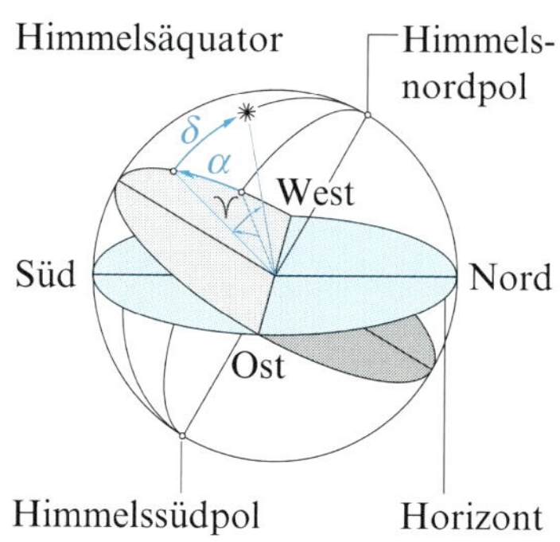

Azimut

Geowissenschaftliche Zählung		Astronomische Zählung	
0° = 360°	Nord	0° = 360°	Süd
90°	Ost	90°	West
180°	Süd	180°	Nord
270°	West	270°	Ost

Ausgewählte Zeitzonen

Zeitzone	Vergleich zur MGZ
Mittlere Greenwicher Zeit (MGZ)	= Westeuropäische Zeit (WEZ)
Mitteleuropäische Zeit	MGZ + 1 Stunde
Osteuropäische Zeit	MGZ + 2 Stunden
Atlantic Standard Time	MGZ – 4 Stunden
Pacific Standard Time	MGZ – 8 Stunden

Besondere Daten

Ereignis	Zeitraum
Frühling	21. März bis 21. Juni (92 d 19 h)
Sommer	21. Juni bis 23. September (93 d 15 h)
Herbst	23. September bis 21. Dezember (89 d 20 h)
Winter	21. Dezember bis 21. März (89 d 0 h)
Erde im Aphel (fernster Punkt)	2. Juli
Erde im Perihel (nächster Punkt)	2. Januar
Sommersonnenwende	21./22. Juni
Wintersonnenwende	21./22. Dezember

Einige bedeutende Meteoritenfälle

Fall- bzw. Fundort	Masse in t	Art des Meteoriten
Hoba West/Namibia	60	Fe/Ni
Ahnighito/Grönland	30,4	Fe/Ni
Bacuberita/Mexiko	27	Fe/Ni
Armunti/Mongolei	20	Fe/Ni
Kirin/China	1,77	Stein
Furnas Col/USA	1,073	Stein

Entwicklung der Galaxien; Hubble-Diagramm

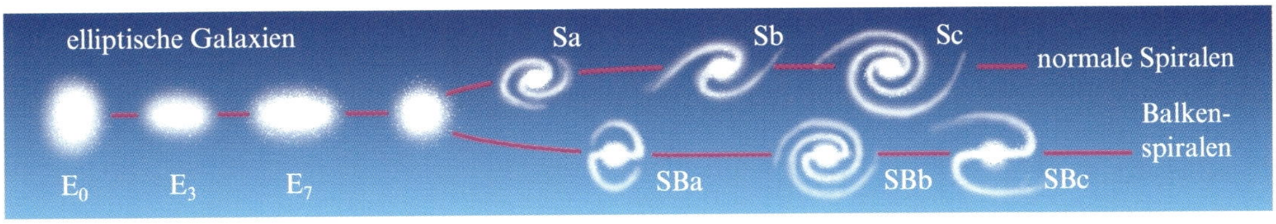

Einige Galaxien

Objekt (Sternbild)	Hubble-Typ	Entfernung in 10^3 AE	Durchmesser in 10^3 AE	Scheinbare Helligkeit	Absolute Helligkeit
unsere Galaxie	Sb		100		– 20,2
NGC 185 (Kassiopeia)	E 3	2150	3,25	9,4	– 15,2
NGC 205 (Andromedanebel)	E 5	2100	7,8	8,2	– 16,3
Leo II (Löwe)	E 0	750	1	12,3	– 9,5
Centaurus A	E 0p	$1012 \cdot 10^6$	$1898 \cdot 10^3$	7,0	– 20,0

Formeln

Die Kepler'schen Gesetze

Erstes Kepler'sches Gesetz	Alle Planeten bewegen sich auf Ellipsenbahnen, in deren einem Brennpunkt die Sonne steht.	
Zweites Kepler'sches Gesetz	$\frac{\Delta A}{\Delta t} = \text{konst.}; \quad \frac{\Delta A_1}{\Delta t_1} = \frac{\Delta A_2}{\Delta t_2}$	
Drittes Kepler'sches Gesetz	$\frac{T_1^2}{T_2^2} = \frac{a_1^3}{a_2^3}$	T Umlaufzeit a große Halbachse der Planetenbahn

Das Gravitationsgesetz

Gravitationsgesetz, Gravitationskraft F	$F = \gamma \cdot \frac{m_1 \cdot m_2}{r^2}$	γ Gravitationskonstante m_1, m_2 Massen der Körper r Abstand der Körper
Arbeit W_G im Gravitationsfeld	$W_G = \gamma \cdot m_1 \cdot m_2 \left[\frac{1}{r_1} - \frac{1}{r_2}\right]$	γ Gravitationskonstante m_1, m_2 Massen der Körper r_1, r_2 Abstände der Körper

Kosmische Geschwindigkeiten

1. kosmische Geschwindigkeit (Kreisbahn an der Erdoberfläche)	$v_K = \sqrt{\gamma \frac{m_E}{r_E}} = 7{,}92\ \text{km} \cdot \text{s}^{-1}$	γ Gravitationskonstante m_E Masse der Erde r_E Radius der Erde
2. kosmische Geschwindigkeit (Parabel, Fluchtgeschwindigkeit aus dem Gravitationsfeld der Erde)	$v_P = \sqrt{2\gamma \frac{m_E}{r_E}} = 11{,}2\ \text{km} \cdot \text{s}^{-1}$	γ Gravitationskonstante m_E Masse der Erde r_E Radius der Erde
3. kosmische Geschwindigkeit (Hyperbel, Fluchtgeschwindigkeit aus dem Gravitationsfeld der Sonne)	$v_H = \sqrt{v_{p1}^2 + v_{p2}^2} = 16{,}7\ \text{km} \cdot \text{s}^{-1}$	v_{p1} Parabelgeschwindigkeit für die Erde $11{,}2\ \text{km} \cdot \text{s}^{-1}$ v_{p2} $12{,}5\ \text{km} \cdot \text{s}^{-1}$

Grundlegende Größen

Fluchtgeschwindigkeit v eines Sternsystems (Gesetz von Hubble)	$v = H \cdot r$	H Hubble-Konstante r Entfernung des Sternsystems
Zusammenhang von absoluter Helligkeit M und Entfernung eines Sterns	$m - M = 5 \cdot \lg r - 5$	r Entfernung des Sterns in pc m scheinbare Helligkeit
Leuchtkraft L	$L = \frac{E}{t}$	E abgestrahlte Energie t Zeit
Zusammenhang von Parallaxe p und Entfernung	$r = \frac{1}{p}$	r Entfernung des Sterns in pc

Chemie

Übersichten zur Chemie

Chemische Elemente

Die Werte in eckigen Klammern geben die Atommassen der zurzeit bekannten längstlebigen Atomart des betreffenden Elements an.
Die Massenzahlen der Elemente sind nach der Häufigkeit der natürlich vorkommenden Isotope geordnet.

Element	Symbol	Ordnungszahl	Atommasse in u (gerundet)	Massenzahlen natürlicher Isotope	Wertigkeiten (häufig auftretende)	Elektronegativitätswert
Actinium	Ac	89	227		III	1,1
Aluminium	Al	13	27	27	III	1,5
Americium	Am	95	[243]		III	1,3
Antimon	Sb	51	122	121; 123	III, V	1,9
Argon	Ar	18	40	40; 36; 38		
Arsen	As	33	75	75	III, V	2,0
Astat	At	85	[210]	215; 218; 219	I	2,2
Barium	Ba	56	137	138; 137; 136; 135; 134; 130; 132	II	0,9
Berkelium	Bk	97	[247]		III	1,3
Beryllium	Be	4	9	9	II	1,5
Bismut	Bi	83	209	209	III	1,9
Blei	Pb	82	207	208; 206; 207; 204	II, IV	1,8
Bor	B	5	11	11; 10	III	2,0
Brom	Br	35	80	79; 81	I, V	2,8
Cadmium	Cd	48	112,5	114; 112; 111; 110; 113; 116; 106; 108	II	1,7
Caesium	Cs	55	133	133	I	0,7
Calcium	Ca	20	40	40; 44; 42; 48; 43; 46	II	1,0
Californium	Cf	98	[251]		III	1,3
Cer	Ce	58	140	140; 142; 138; 136	III	1,1
Chlor	Cl	17	35,5	35; 37	I, III, V, VII	3,0
Chrom	Cr	24	52	52; 53; 50; 54	II, III, VI	1,6
Cobalt	Co	27	59	59	II, III	1,8
Curium	Cm	96	[247]		III	1,3
Dubnium	Db[1]	105	[262]			
Dysprosium	Dy	66	162,5	164; 162; 163; 161; 160; 158; 156	III	1,2
Einsteinium	Es	99	[252]			1,3
Eisen	Fe	26	56	56; 54; 57; 58	II, III, VI	1,8
Erbium	Er	68	167	166; 168; 167; 170; 164; 162	III	1,2

Element	Symbol	Ordnungszahl	Atommasse in u (gerundet)	Massenzahlen natürlicher Isotope	Wertigkeiten (häufig auftretende)	Elektronegativitätswert
Europium	Eu	63	152	153; 151	III	1,2
Fermium	Fm	100	[257]			1,3
Fluor	F	9	19	19	I	4,0
Francium	Fr	87	[223]		I	0,7
Gadolinium	Gd	64	157	158; 160; 156; 157; 155; 154; 152	III	1,1
Gallium	Ga	31	70	69; 71	III	1,6
Germanium	Ge	32	72,5	74; 72; 70; 73; 76	IV	1,8
Gold	Au	79	197	197	I, III	2,4
Hafnium	Hf	72	178,5	180; 178; 177; 179; 176; 174	IV	1,3
Helium	He	2	4	4; 3		
Holmium	Ho	67	165	165	III	1,2
Indium	In	49	115	115; 113	III	1,7
Iod	I	53	127	127	I, V, VII	2,5
Iridium	Ir	77	192	193; 191	III, IV	2,2
Kalium	K	19	39	39; 41; 40	I	0,8
Kohlenstoff	C	6	12	12; 13	II, IV	2,5
Krypton	Kr	36	84	84; 86; 83; 82; 80; 78		
Kupfer	Cu	29	63,5	63; 65	I, II	1,9
Lanthan	La	57	139	139; 138	III	1,1
Lawrencium	Lr[1]	103	[262]			1,3
Lithium	Li	3	7	7; 6	I	1,0
Lutetium	Lu	71	175	175; 176	III	1,2
Magnesium	Mg	12	24	24; 26; 25	II	1,2
Mangan	Mn	25	55	55	II, IV, VI, VII	1,5
Mendelevium	Md[1]	101	[258]			1,3
Molybdän	Mo	42	96	98; 95; 92; 96; 100; 97; 94	VI	1,8
Natrium	Na	11	23	23	I	0,9
Neodym	Nd	60	144	142; 144; 146; 143; 145; 148; 150	III	1,2
Neon	Ne	10	20	20; 22; 21		
Neptunium	Np	93	[237]	237	V	1,3
Nickel	Ni	28	59	58; 60; 62; 61; 64	II	1,8
Niob	Nb	41	93	93	V	1,6
Nobelium	No[1]	102	[259]			1,3
Osmium	Os	76	190	192; 190; 189; 188; 187; 186; 184	IV, VIII	2,2
Palladium	Pd	46	106	106; 108; 105; 110; 104; 102	II, IV	2,2
Phosphor	P	15	31	31	III, V	2,1
Platin	Pt	78	195	195; 194; 196; 198; 192; 190	II, IV	2,2
Plutonium	Pu	94	[244]		IV	1,3
Polonium	Po	84	[209]	210; 211; 212; 214; 215; 216; 218	II, IV	2,0

[1] IUPAC-Empfehlung für Namen und Symbole (1997)

Element	Symbol	Ordnungszahl	Atommasse in u (gerundet)	Massenzahlen natürlicher Isotope	Wertigkeiten (häufig auftretende)	Elektronegativitätswert
Praseodym	Pr	59	141	141	III	1,1
Promethium	Pm	61	[145]		III	1,2
Protactinium	Pa	91	231	231	V	1,5
Quecksilber	Hg	80	200,5	202; 200; 199; 201; 198; 204; 196	I, II	1,9
Radium	Ra	88	226	223; 224; 226; 228	II	0,9
Radon	Rn	86	[222]	219; 220; 222		
Rhenium	Re	75	186	187; 185	VII	1,9
Rhodium	Rh	45	103	103	III, IV	2,2
Rubidium	Rb	37	85,5	85; 87	I	0,8
Ruthenium	Ru	44	101	102; 104; 101; 99; 100; 96; 98	IV, VIII	2,2
Rutherfordium	Rf[1]	104	[261]			
Samarium	Sm	62	150	152; 154; 147; 149; 148; 150; 144	III	1,2
Sauerstoff	O	8	16	16; 18; 17	II	3,5
Scandium	Sc	21	45	45	III	1,3
Schwefel	S	16	32	32; 34; 33; 36	II, IV, VI	2,5
Selen	Se	34	79	80; 78; 76; 82; 77; 74	II, IV, VI	2,4
Silber	Ag	47	108	107; 109	I	1,9
Silicium	Si	14	28	28; 29; 30	IV	1,8
Stickstoff	N	7	14	14; 15	III, V	3,0
Strontium	Sr	38	87,5	88; 86; 87; 84	II	1,0
Tantal	Ta	73	181	181; 180	V	1,5
Technetium	Tc	43	[98]		VII	1,9
Tellur	Te	52	127,5	130; 128; 126; 125; 124; 122; 123; 120	II, IV, V	2,1
Terbium	Tb	65	159	159	III	1,2
Thallium	Tl	81	204	205; 203	III	1,8
Thorium	Th	90	232	232	IV	1,3
Thulium	Tm	69	169	169	III	1,2
Titan	Ti	22	48	48; 46; 47; 49; 50	IV	1,5
Uran	U	92	238	238; 235; 234	IV, V, VI	1,7
Vanadium	V	23	51	51; 50	V	1,6
Wasserstoff	H	1	1	1; 2	I	2,1
Wolfram	W	74	184	184; 186; 182; 183; 180	VI	1,7
Xenon	Xe	54	131	132; 129; 131; 134; 136; 130; 128; 124; 126		
Ytterbium	Yb	70	173	174; 172; 173; 171; 176; 170; 168	III	1,1
Yttrium	Y	39	89	89	III	1,3
Zink	Zn	30	65	64; 66; 68; 67; 70	II	1,6
Zinn	Sn	50	119	120; 118; 116; 119; 117; 124; 122; 112; 114; 115	II, IV	1,8
Zirconium	Zr	40	91	90; 94; 92; 91; 96	IV	1,4

Atombau der Elemente

Bei den mit * gekennzeichneten Atomen bestehen Abweichungen in der Anordnung der neu hinzukommenden Elektronen oder ist die Anordnung derselben nicht gesichert.

Periode	Protonenanzahl ≙ Ordnungszahl	Element		Elektronenanzahl der Schale						
		Name	Symbol	1.	2.	3.	4.	5.	6.	7.
1	1	Wasserstoff	H	1						
	2	Helium	He	2						
2	3	Lithium	Li	2	1					
	4	Beryllium	Be	2	2					
	5	Bor	B	2	3					
	6	Kohlenstoff	C	2	4					
	7	Stickstoff	N	2	5					
	8	Sauerstoff	O	2	6					
	9	Fluor	F	2	7					
	10	Neon	Ne	2	8					
3	11	Natrium	Na	2	8	1				
	12	Magnesium	Mg	2	8	2				
	13	Aluminium	Al	2	8	3				
	14	Silicium	Si	2	8	4				
	15	Phosphor	P	2	8	5				
	16	Schwefel	S	2	8	6				
	17	Chlor	Cl	2	8	7				
	18	Argon	Ar	2	8	8				
4	19	Kalium	K	2	8	8	1			
	20	Calcium	Ca	2	8	8	2			
	21	Scandium	Sc	2	8	8+1	2			
	22	Titan	Ti	2	8	8+2	2			
	23	Vanadium	V	2	8	8+3	2			
	24	Chrom	Cr	2	8	8+4	2*			
	25	Mangan	Mn	2	8	8+5	2			
	26	Eisen	Fe	2	8	8+6	2			
	27	Cobalt	Co	2	8	8+7	2			
	28	Nickel	Ni	2	8	8+8	2			
	29	Kupfer	Cu	2	8	8+9	2*			
	30	Zink	Zn	2	8	8+10				
	31	Gallium	Ga	2	8	18	3			
	32	Germanium	Ge	2	8	18	4			
	33	Arsen	Ar	2	8	18	5			
	34	Selen	Se	2	8	18	6			
	35	Brom	Br	2	8	18	7			
	36	Krypton	Kr	2	8	18	8			
5	37	Rubidium	Rb	2	8	18	8	1		
	38	Strontium	Sr	2	8	18	8	2		
	39	Yttrium	Y	2	8	18	8+1	2		
	40	Zirconium	Zr	2	8	18	8+2	2		
	41	Niob	Nb	2	8	18	8+3	2*		
	42	Molybdän	Mo	2	8	18	8+4	2*		
	43	Technetium	Tc	2	8	18	8+5	2*		
	44	Ruthenium	Ru	2	8	18	8+6	2*		
	45	Rhodium	Rh	2	8	18	8+7	2*		
	46	Palladium	Pd	2	8	18	8+8	2*		
	47	Silber	Ag	2	8	18	8+9	2*		
	48	Cadmium	Cd	2	8	18	8+10	2		
	49	Indium	In	2	8	18	18	3		
	50	Zinn	Sn	2	8	18	18	4		

Periode	Protonenanzahl ≙ Ordnungszahl	Element		Elektronenanzahl der Schale						
		Name	Symbol	1.	2.	3.	4.	5.	6.	7.
	51	Antimon	Sb	2	8	18	18	5		
	52	Tellur	Te	2	8	18	18	6		
	53	Iod	I	2	8	18	18	7		
	54	Xenon	Xe	2	8	18	18	8		
6	55	Caesium	Cs	2	8	18	18	8	1	
	56	Barium	Ba	2	8	18	18	8	2	
	57	Lanthan	La	2	8	18	18	8+1	2	
	58	Cer	Ce	2	8	18	18+1	8+1	2*	
	59	Praseodym	Pr	2	8	18	18+2	8+1	2	
	60	Neodym	Nd	2	8	18	18+3	8+1	2*	
	61	Promethium	Pm	2	8	18	18+4	8+1	2*	
	62	Samarium	Sm	2	8	18	18+5	8+1	2*	
	63	Europium	Eu	2	8	18	18+6	8+1	2*	
	64	Gadolinium	Gd	2	8	18	18+7	8+1	2	
	65	Terbium	Tb	2	8	18	18+8	8+1	2	
	66	Dysprosium	Dy	2	8	18	18+9	8+1	2	
	67	Holmium	Ho	2	8	18	18+10	8+1	2	
	68	Erbium	Er	2	8	18	18+11	8+1	2	
	69	Thulium	Tm	2	8	18	18+12	8+1	2*	
	70	Ytterbium	Yb	2	8	18	18+13	8+1	2*	
	71	Lutetium	Lu	2	8	18	18+14	8+1	2	
	72	Hafnium	Hf	2	8	18	32	8+2	2	
	73	Tantal	Ta	2	8	18	32	8+3	2	
	74	Wolfram	W	2	8	18	32	8+4	2	
	75	Rhenium	Re	2	8	18	32	8+5	2	
	76	Osmium	Os	2	8	18	32	8+6	2	
	77	Iridium	Ir	2	8	18	32	8+7	2	
	78	Platin	Pt	2	8	18	32	8+8	2*	
	79	Gold	Au	2	8	18	32	8+9	2*	
	80	Quecksilber	Hg	2	8	18	32	8+10	2	
	81	Thallium	Tl	2	8	18	32	18	3	
	82	Blei	Pb	2	8	18	32	18	4	
	83	Bismut	Bi	2	8	18	32	18	5	
	84	Polonium	Po	2	8	18	32	18	6	
	85	Astat	At	2	8	18	32	18	7	
	86	Radon	Rn	2	8	18	32	18	8	
7	87	Francium	Fr	2	8	18	32	18	8	1
	88	Radium	Ra	2	8	18	32	18	8	2
	89	Actinium	Ac	2	8	18	32	18	8+1	2*
	90	Thorium	Th	2	8	18	32	18+1	8+1	2*
	91	Protactinium	Pa	2	8	18	32	18+2	8+1	2*
	92	Uran	U	2	8	18	32	18+3	8+1	2*
	93	Neptunium	Np	2	8	18	32	18+4	8+1	2*
	94	Plutonium	Pu	2	8	18	32	18+5	8+1	2*
	95	Americium	Am	2	8	18	32	18+6	8+1	2*
	96	Curium	Cm	2	8	18	32	18+7	8+1	2*
	97	Berkelium	Bk	2	8	18	32	18+8	8+1	2*
	98	Californium	Cf	2	8	18	32	18+9	8+1	2*
	99	Einsteinium	Es	2	8	18	32	18+10	8+1	2*
	100	Fermium	Fm	2	8	18	32	18+11	8+1	2*
	101	Mendelevium	Md[1]	2	8	18	32	18+12	8+1	2*
	102	Nobelium	No[1]	2	8	18	32	18+13	8+1	2*
	103	Lawrencium	Lr[1]	2	8	18	32	18+14	8+1	2*
	104	Rutherfordium	Rf[1]	2	8	18	32	32	8+2	2*
	105	Dubnium	Db[1]	2	8	18	32	32	8+3	2*

[1] IUPAC-Empfehlung für Namen und Symbole (1997)

Anorganische Stoffe (zers.: zersetzlich; subl.: sublimiert; [1] bei 101,3 kPa)

Name	Symbol/ Formel	Molare Masse M in g · mol^{-1} (gerundet)	Aggregatzustand bei 25 °C	Dichte ϱ in g · cm^{-3} bei 25 °C (* bei 0 °C)	Schmelztemperatur[1] ϑ_S in °C	Siedetemperatur[1] ϑ_V in °C
Aluminium	Al	27	s	2,70	660	2450
Aluminiumbromid	$AlBr_3$	267	s	3,01	97,5	257
Aluminiumchlorid	$AlCl_3$	133	s	2,44	192,5 (u. Druck)	subl. bei 180
Aluminiumhydroxid	$Al(OH)_3$	78	s	2,42	zers. ab 170	–
Aluminiumiodid	AlI_3	408	s	3,89	191	386
Aluminiumoxid	Al_2O_3	102	s	3,90	2045	2980
Aluminiumsulfat	$Al_2(SO_4)_3$	342	s	2,71	zers. ab 600	–
Ammoniak	NH_3	17	g	0,77 g · l^{-1}*	–78	–33
Ammoniumcarbonat-1-Wasser	$(NH_4)_2CO_3 \cdot H_2O$	114	s		zers. ab 58	–
Ammoniumchlorid	NH_4Cl	53,5	s	1,54	–	subl. bei 340
Ammoniumnitrat	NH_4NO_3	80	s	1,73	169	zers. ab 200
Ammoniumsulfat	$(NH_4)_2SO_4$	132	s	1,77	zers. ab 357	–
Antimon	Sb	122	s	6,68	631	1380
Argon	Ar	40	g	1,78 g · l^{-1}*	–189	–186
Arsen (grau)	As	75	s	5,72	817 (u. Druck)	subl. bei 613
Arsentrioxid	As_2O_3	198	s	3,86	309	457
Barium	Ba	137	s	3,50	714	1640
Bariumcarbonat	$BaCO_3$	197	s	4,40	zers. ab 1350	–
Bariumchlorid	$BaCl_2$	208	s	3,9	963	1562
Bariumfluorid	BaF_2	175	s	4,9	1287	2260
Bariumhydroxid	$Ba(OH)_2$	171	s	4,5	408	–
Bariumsulfat	$BaSO_4$	233	s	4,48	1350	–
Bismut	Bi	209	s	9,8	271	1560
Blei	Pb	207	s	11,34	327	1740
Blei(II)-chlorid	$PbCl_2$	278	s	5,85	498	954
Blei(II)-iodid	PbI_2	461	s	6,2	402	872
Blei(II)-nitrat	$Pb(NO_3)_2$	331	s	4,53	zers. ab 470	–
Blei(II)-oxid	PbO	223	s	9,53	890	1470
Blei(II, IV)-oxid	Pb_3O_4	685	s	9,10	zers. ab 500	–
Blei(IV)-oxid	PbO_2	239	s	9,37	zers. ab 290	–
Blei(II)-sulfat	$PbSO_4$	303	s	6,2	1170	–
Blei(II)-sulfid	PbS	239	s	7,5	1114	–
Bor	B	11	s	2,3	2030	3900
Brom	Br_2	160	l	3,12	–7	58,7
Bromwasserstoff	HBr	81	g	3,64 g · l^{-1}*	–87	–67
Cadmium	Cd	112	s	8,64	321	767
Caesium	Cs	133	s	1,9	29	690
Calcium	Ca	40	s	1,55	838	1490

Aggregatzustand: s fest; l flüssig; g gasförmig

Name	Symbol/ Formel	Molare Masse M in $g \cdot mol^{-1}$ (gerundet)	Aggregat-zustand bei 25 °C	Dichte ϱ in $g \cdot cm^{-3}$ bei 25 °C (* bei 0 °C)	Schmelz-tempe-ratur[1] ϑ_S in °C	Siede-tempe-ratur[1] ϑ_V in °C
Calciumbromid	$CaBr_2$	200	s	3,35	730	810
Calciumcarbid	CaC_2	64	s	2,22	≈ 2 300	–
Calciumcarbonat	$CaCO_3$	100	s	2,93	zers. ab 825	–
Calciumchlorid	$CaCl_2$	111	s	2,15	772	> 1 600
Calciumhydroxid	$Ca(OH)_2$	74	s	2,23	zers. ab 580	–
Calciumnitrat	$Ca(NO_3)_2$	164	s	2,47	561	–
Calciumoxid	CaO	56	s	3,40	≈ 2 570	2 850
Calciumphosphat	$Ca_3(PO_4)_2$	310	s	3,14	1 670	–
Calciumsulfat	$CaSO_4$	136	s	2,96	1 450	–
Chlor	Cl_2	71	g	$3{,}214\ g \cdot l^{-1}$*	–101	–35
Chlorwasserstoff	HCl	36,5	g	$1{,}639\ g \cdot l^{-1}$*	–112	–85
Chrom	Cr	52	s	7,19	≈ 1 900	2 642
Chrom(II)-chlorid	$CrCl_2$	123	s	2,75	815	–
Chrom(III)-chlorid	$CrCl_3$	158	s	2,76	≈ 1 150	subl. bei ≈ 1 300
Chrom(III)-oxid	Cr_2O_3	152	s	5,21	2 437	≈ 3 000
Chrom(VI)-oxid	CrO_3	100	s	2,70	zers. bei 198	–
Cobalt	Co	59	s	8,90	1 490	≈ 2 900
Cobalt(II)-chlorid	$CoCl_2$	130	s	3,36	727	1 050
Cobalt(II)-oxid	CoO	75	s	5,68	1 935	zers. ab 2 800
Eisen	Fe	56	s	7,86	1 540	≈ 3 000
Eisen(III)-chlorid	$FeCl_3$	162	s	2,80	306	zers. ab 315
Eisen(III)-hydroxid	$Fe(OH)_3$	107	s	3,4 … 3,9	zers. ab 500	–
Eisen(II)-nitrat	$Fe(NO_3)_2$	180	s	–	–	–
Eisen(II)-oxid	FeO	72	s	5,70	1 360	–
Eisen(III)-oxid	Fe_2O_3	160	s	5,24	zers. ab 1 560	–
Eisen(II, III)-oxid	Fe_3O_4	231,5	s	5,18	zers. ab 1 538	–
Eisen(II)-sulfat	$FeSO_4$	152	s	2,84	zers.	–
Eisen(III)-sulfat	$Fe_2(SO_4)_3$	400	s	3,10	zers. bei 480	–
Eisen(II)-sulfid	FeS	88	s	4,84	1 195	zers.
Fluor	F_2	38	g	$1{,}69\ g \cdot l^{-1}$*	–220	–188
Fluorwasserstoff	HF	20	g	0,99 (flüssig)	– 83	19
Gold	Au	197	s	19,3	1 063	2 970
Helium	He	4	g	$0{,}179\ g \cdot l^{-1}$*	–270	–269
Iod	I_2	254	s	4,94	114	182,8
Iodwasserstoff	HI	128	g	$5{,}79\ g \cdot l^{-1}$*	–51	–35
Kalium	K	39	s	0,86	64	760
Kaliumbromid	KBr	119	s	2,75	734	1 382
Kaliumcarbonat	K_2CO_3	138	s	2,43	897	zers.
Kaliumchlorat	$KClO_3$	122,5	s	2,32	368	zers. ab 400
Kaliumchlorid	KCl	74,5	s	1,98	770	1 405
Kaliumchromat	K_2CrO_4	194	s	2,73	975	zers.
Kaliumdichromat	$K_2Cr_2O_7$	294	s	2,69	395	zers. ab 500
Kaliumfluorid	KF	58	s	2,48	857	1 502
Kaliumhydroxid	KOH	56	s	2,04	360	1 327
Kaliumiodid	KI	166	s	3,13	682	1 324

Name	Symbol/ Formel	Molare Masse M in g · mol^{-1} (gerundet)	Aggregat-zustand bei 25 °C	Dichte ϱ in g · cm^{-3} bei 25 °C (* bei 0 °C)	Schmelz-temperatur[1] ϑ_S in °C	Siede-temperatur[1] ϑ_V in °C
Kaliumnitrat	KNO_3	101	s	2,11	339	zers. ab 400
Kaliumpermanganat	$KMnO_4$	158	s	2,70	zers. ab 240	–
Kaliumphosphat	K_3PO_4	112	s	2,56	1 340	–
Kaliumsulfat	K_2SO_4	174	s	2,66	1 074	1 688
Kohlenstoff (Diamant)	C	12	s	3,51	ab 3 550	4 830
Kohlenstoff (Graphit)	C	12	s	2,26	3 730	4 830
Kohlenstoffdioxid	CO_2	44	g	1,977 g · l^{-1}*	–57 (u. Druck)	subl. bei –79
Kohlenstoffdisulfid	CS_2	76	l	1,26	–112	46
Kohlenstoffmonooxid	CO	28	g	1,250 g · l^{-1}*	–205	–192
Krypton	Kr	84	g	3,71 g · l^{-1}*	–157	–152
Kupfer	Cu	63,5	s	8,96	1 083	2 600
Kupfer(I)-chlorid	CuCl	99	s	3,53	432	1 490
Kupfer(II)-chlorid	$CuCl_2$	134,5	s	3,05	498	zers. ab 990
Kupfer(II)-nitrat	$Cu(NO_3)_2$	187,5	s	–	–	–
Kupfer(I)-oxid	Cu_2O	143	s	6,0	1 232	zers. ab 1 800
Kupfer(II)-oxid	CuO	79,5	s	6,45	zers. ab 1 026	–
Kupfer(II)-sulfat	$CuSO_4$	159,5	s	3,61	200	zers. ab 650
Kupfer(I)-sulfid	Cu_2S	159	s	5,8	1 130	–
Kupfer(II)-sulfid	CuS	95,5	s	4,6	zers. ab 200	–
Lithium	Li	7	s	0,534	180	1 372
Magnesium	Mg	24	s	1,74	650	1 110
Magnesiumbromid	$MgBr_2$	184	s	3,72	711	1 230
Magnesiumcarbonat	$MgCO_3$	84	s	3,04	zers. ab 350	–
Magnesiumchlorid	$MgCl_2$	95	s	2,32	712	1 420
Magnesiumhydroxid	$Mg(OH)_2$	58	s	2,4	zers. ab 350	–
Magnesiumnitrat	$Mg(NO_3)_2$	148	s	–	–	–
Magnesiumoxid	MgO	40	s	3,65	2 800	3 600
Magnesiumphosphat	$Mg_3(PO_4)_2$	263	s	2,1	1 184	–
Magnesiumsulfat	$MgSO_4$	120	s	2,66	1 127	–
Mangan	Mn	55	s	7,43	1 244	≈ 2 100
Manganchlorid	$MnCl_2$	126	s	2,98	650	1 190
Mangan(IV)-oxid	MnO_2	87	s	5,03	535	zers.
Mangansulfat	$MnSO_4$	151	s	3,18	700	zers. bei 850
Natrium	Na	23	s	0,97	98	892
Natriumbromid	NaBr	103	s	3,21	747	1 390
Natriumcarbonat	Na_2CO_3	106	s	2,53	852	zers. ab 1 600
Natriumchlorid	NaCl	58,5	s	2,16	800	1 465
Natriumhydroxid	NaOH	40	s	2,13	322	1 390
Natriumiodid	NaI	150	s	3,67	662	1 305
Natriumnitrat	$NaNO_3$	85	s	2,25	310	zers. ab 380
Natriumnitrit	$NaNO_2$	69	s	2,17	271	zers. bei 320
Natriumphosphat	Na_3PO_4	164	s	2,5	1 340	–
Natriumphosphat-12-Wasser	$Na_3PO_4 \cdot 12\,H_2O$	380	s	1,62	zers. ab 73,4	–
Natriumsulfat	Na_2SO_4	142	s	2,69	884	–
Nickel	Ni	59	s	8,90	1 450	2 730
Ozon	O_3	48	g	2,14 g · l^{-1}*	–193	–111
Perchlorsäure	$HClO_4$	100,5	l	1,76	–112	zers.

Name	Symbol/ Formel	Molare Masse M in $g \cdot mol^{-1}$ (gerundet)	Aggregat-zustand bei 25 °C	Dichte ϱ in $g \cdot cm^{-3}$ bei 25 °C (* bei 0 °C)	Schmelz-temperatur[1] ϑ_S in °C	Siede-temperatur[1] ϑ_V in °C
Phosphor (weiß)	P	31	s	1,82	44	280
Phosphor(V)-oxid	P_2O_5	142	s	2,40	566	subl. bei 358
Phosphorsäure	H_3PO_4	98	s	1,88	42	zers. ab 213
Platin	Pt	195	s	21,45	1 773	3 827
Quecksilber	Hg	200,5	l	13,53	−39	357
Quecksilber(II)-chlorid	$HgCl_2$	271,5	s	5,42	277	304
Quecksilber(II)-oxid	HgO	216,5	s	11,14	zers. ab 500	–
Salpetersäure	HNO_3	63	l	1,51	−47	86
Sauerstoff	O_2	32	g	1,429 $g \cdot l^{-1}$*	−219	−183
Schwefel (amorph)	S	32	s	1,92	120	444,6
Schwefel (monoklin)	S	32	s	1,96	119	444,6
Schwefel (rhombisch)	S	32	s	2,07	113	444,6
Schwefeldioxid	SO_2	64	g	2,926 $g \cdot l^{-1}$*	−76	−10
Schwefelsäure	H_2SO_4	98	l	1,83	11	zers. ab 338
Schwefeltrioxid (α)	SO_3	80	l	1,99	17	45
Schwefelwasserstoff	H_2S	34	g	1,539 $g \cdot l^{-1}$*	−86	−60
Selen (grau)	Se	79	s	4,79	217	685
Silber	Ag	108	s	10,50	961	2 212
Silberbromid	AgBr	188	s	6,47	430	zers. ab 700
Silberchlorid	AgCl	143	s	5,56	455	1 554
Silberiodid	AgI	235	s	5,71	557	1 506
Silbernitrat	$AgNO_3$	170	s	4,35	209	zers. ab 444
Silicium	Si	28	s	2,33	1 410	2 680
Siliciumdioxid (Quarz)	SiO_2	60	s	2,65	≈ 1 470	2 590
Stickstoff	N_2	28	g	1,251 $g \cdot l^{-1}$*	−210	−195,8
Stickstoffdioxid	NO_2	46	g	1,49	−11	21
Stickstoffmonooxid	NO	30	g	1,340 $g \cdot l^{-1}$*	−164	−152
Stickstoffpentoxid	N_2O_5	108	g	1,64	30	47
Stickstofftrioxid	N_2O_3	76	g	1,45	−102	zers. bei 3,5
Strontium	Sr	88	s	2,58	757	1 364
Wasser	H_2O	18	l	1,0	0	100
Wasserstoff	H_2	2	g	0,089 $g \cdot l^{-1}$*	−259,3	−252,8
Wasserstoffperoxid	H_2O_2	34	l	1,46	−2	152
Xenon	Xe	131	g	5,89 $g \cdot l^{-1}$*	−112	−108,0
Zink	Zn	65	s	7,14	419	906
Zinkbromid	$ZnBr_2$	225	s	4,22	394	650
Zinkchlorid	$ZnCl_2$	136	s	2,90	318	732
Zinknitrat-6-Wasser	$Zn(NO_3)_2 \cdot 6\,H_2O$	297,5	s	2,07	36,4	zers. ab 105
Zinkoxid	ZnO	81,5	s	5,47	1 975 (u. Druck)	subl. bei 1800
Zinn (weiß)	Sn	119	s	7,28	232	2 350
Zinn(IV)-oxid	SnO_2	151	s	6,95	1 900	subl. > 1800

Organische Stoffe (zers.: zersetzlich; subl.: sublimiert; [1] bei 101,3 kPa)

Name	Verkürzte Strukturformel/ Summenformel	Molare Masse M in $g \cdot mol^{-1}$ (gerundet)	Aggregat-zustand bei 25 °C	Dichte ϱ in $g \cdot cm^{-3}$ bei 25 °C (* bei 0 °C)	Schmelz-temperatur [1] ϑ_S in °C	Siede-temperatur [1] ϑ_V in °C
Acrylnitril	$CH_2{=}CH{-}CN$	53	l	0,81	–82	78
Aminobenzol (Anilin)	$C_6H_5{-}NH_2$	93	l	1,02	–6,2	184,4
2-Amino-ethansäure (Glycin)	$CH_2(NH_2){-}COOH$	75	s	1,16	zers. ab 232	–
2-Amino-propan-säure (Alanin)	$CH_3{-}CH(NH_2){-}COOH$	89	s	–	zers. ab 297	–
Benzaldehyd	$C_6H_5{-}CHO$	106	l	1,05	–26	178
Benzol	C_6H_6	78	l	0,88	5,49	80,1
Benzoesäure	$C_6H_5{-}COOH$	122	s	1,27 (15 °C)	121,7	249
Brombenzol	$C_6H_5{-}Br$	157	l	1,495	–30,6	155,6
Bromethan	$CH_3{-}CH_2{-}Br$	109	l	1,46	–119	38,4
Brommethan	$CH_3{-}Br$	95	g	1,73	–93,3	4,6
1,3-Butadien	$CH_2{=}CH{-}CH{=}CH_2$	54	g	0,65 (–6 °C)	–113	–4,75
Butan	$CH_3{-}(CH_2)_2{-}CH_3$	58	g	2,52 $g \cdot l^{-1}$*	–135	–0,5
Butansäure (Buttersäure)	$C_3H_7{-}COOH$	88	l	0,96	–4,7	164
Chlorethan	$CH_3{-}CH_2{-}Cl$	64,5	g	0,92 (6 °C)	–138,7	13,1
Chlorethen (Vinylchlorid)	$CH_2{=}CH{-}Cl$	62,5	g	0,97 (–13 °C)	–159,7	–13,5
Chlormethan	$CH_3{-}Cl$	50,5	g	2,31 $g \cdot l^{-1}$*	–97	–23,7
Citronensäure	$CH_2{-}COOH$ | $HO{-}C{-}COOH$ | $CH_2{-}COOH$	192	s	1,54	153	zers.
Cyclohexan	C_6H_{12}	84	l	0,779	6,6	80,8
1,2-Dibromethan	$Br{-}CH_2{-}CH_2{-}Br$	188	l	2,18	10	131,6
1,2-Dichlorbenzol	$C_6H_4Cl_2$	147	l	1,31	–17,5	179,2
1,3-Dichlorbenzol	$C_6H_4Cl_2$	147	l	1,29	–24,4	172
1,4-Dichlorbenzol	$C_6H_4Cl_2$	147	s	1,26 (55 °C)	54	173,7
1,2-Dichlorethan	$Cl{-}CH_2{-}CH_2{-}Cl$	99	l	1,26	–35,5	83,7
Dichlormethan	$Cl{-}CH_2{-}Cl$	85	l	1,34	–96,7	40,7
Diethylether	$H_5C_2{-}O{-}C_2H_5$	74	l	0,714	–116,3	34,5
Ethan	$CH_3{-}CH_3$	30	g	1,356 $g \cdot l^{-1}$*	–172	–88,5
Ethanal (Acetaldehyd)	$CH_3{-}CHO$	44	g	0,788 (13 °C)	–123	20,2
Ethanol	$C_2H_5{-}OH$	46	l	0,79	–114,2	78,4
Ethansäure (Essigsäure)	$CH_3{-}COOH$	60	l	1,05	16,6	118,1
Ethansäure-ethylester	$CH_3{-}COO{-}C_2H_5$	88	l	0,899	–83,6	77,1
Ethansäure-methylester	$CH_3{-}COO{-}CH_3$	74	l	0,92	–98	56,9
Ethen	$CH_2{=}CH_2$	28	g	1,260 $g \cdot l^{-1}$*	–169,5	–103,9
Ethin	$CH{\equiv}CH$	26	g	1,17 $g \cdot l^{-1}$*	–81,8	–83,8
Ethylbenzol	$C_6H_5{-}CH_2{-}CH_3$	106	l	0,87	–93,9	136,2
Glucose (Traubenzucker)	$C_6H_{12}O_6$	180	s	1,54	146	zers. ab 200

Aggregatzustand: s fest; l flüssig; g gasförmig

Name	Verkürzte Strukturformel/ Summenformel	Molare Masse M in $g \cdot mol^{-1}$ (gerundet)	Aggregatzustand bei 25 °C	Dichte ϱ in $g \cdot cm^{-3}$ bei 25 °C (* bei 0 °C)	Schmelztemperatur[1] ϑ_S in °C	Siedetemperatur[1] ϑ_V in °C
Glycerin	$CH_2-CH-CH_2$ $\;\;|\;\;\;\;\;\;|\;\;\;\;\;\;|$ OH OH OH	92	l	1,26	17,9	172 (1,5 kPa)
Glykol	$HO-CH_2-CH_2-OH$	62	l	1,113	–12,9	197,8
Harnstoff	$CO(NH_2)_2$	60	s	1,34	132,7	zers.
Hexadekansäure (Palmitinsäure)	$CH_3-(CH_2)_{14}-COOH$	256	s	0,85 (62 °C)	62,6	219 (2,7 kPa)
Hexan	$CH_3-(CH_2)_4-CH_3$	86	l	0,659	–94,3	68,7
1-Hexen	C_6H_{12}	84	l	0,6732	–139,8	63,5
1-Hexin	C_6H_{10}	82	l	0,719 (15 °C)	–124	71,5
Methan	CH_4	16	g	$0{,}717\ g \cdot l^{-1}$*	–182,5	–161,4
Methanal (Formaldehyd)	$H-CHO$	30	g	0,82 (–20 °C)	–92	–21
Methanol	CH_3-OH	32	l	0,79	–97,7	64,7
Methansäure (Ameisensäure)	$H-COOH$	46	l	1,23	8,4	100,5
Methylbenzol (Toluol)	$C_6H_5-CH_3$	92	l	0,87 (15 °C)	–95,3	110,8
2-Methylpropan (Isobutan)	$CH_3-CH-CH_3$ $\;\;\;\;\;\;\;\;|$ $\;\;\;\;\;\;CH_3$	58	g	$2{,}67\ g \cdot l^{-1}$*	–145	–10,2
Naphthalin	$C_{10}H_8$	128	s	1,168 (22 °C)	80,4	217,9
Nitrobenzol	$C_6H_5-NO_2$	123	l	1,20	5,7	210,9
Octadecansäure (Stearinsäure)	$CH_3-(CH_2)_{16}-COOH$	284,5	s	0,84 (80 °C)	69,4	291 (u. Druck)
Octadecen-(9)-säure (Ölsäure)	$C_{17}H_{33}COOH$	282,5	l	0,89 (25 °C)	14	205
Octan	$CH_3-(CH_2)_6-CH_3$	114	l	0,7024	–56,5	125,8
Oxalsäure	$HOOC-COOH$	90	s	1,901 (25 °C)	189,5	subl.
Pentan	$CH_3-(CH_2)_3-CH_3$	72	l	0,6337 (15 °C)	–129,7	36,2
Phenol	C_6H_5-OH	94	s	1,05 (45 °C)	41	181,4
Phthalsäure	$C_6H_4(COOH)_2$	166	s	1,59	210	zers. ab 231
Propan	$CH_3-CH_2-CH_3$	44	g	$2{,}01\ g \cdot l^{-1}$*	–189,9	–42,1
1-Propanol	$CH_3-(CH_2)_2-OH$	60	l	0,8035	–126	97,2
2-Propanol	$CH_3-CH-CH_3$ $\;\;\;\;\;\;\;\;|$ $\;\;\;\;\;\;OH$	60	l	0,7854	–89,5	82
Propanon (Aceton)	$CH_3-CO-CH_3$	58	l	0,79	–95	56,1
Propen	$CH_3-CH=CH_2$	42	g	$1{,}937\ g \cdot l^{-1}$*	–185,2	–47
Propin	$CH_3-C\equiv CH$	40	g	$1{,}787\ g \cdot l^{-1}$*	–102	–23,3
Terephthalsäure	$C_6H_4(COOH)_2$	166	s	1,51	subl.	subl. bei ≈ 300
Tetrachlormethan (Tetrachlorkohlenstoff)	CCl_4	154	l	1,60	–22,9	76,7
Trichlormethan (Chloroform)	$CHCl_3$	119,5	l	1,50 (15 °C)	–63,5	61,2
Triiodmethan (Iodoform)	CHI_3	394	s	4,008 (17 °C)	119	subl.

Nährstoffanteil und Energiegehalt einiger Nahrungsmittel

Nahrungsmittel	Massenanteil in %			Energiegehalt je 100 g	
	Kohlenhydrate	Fette	Eiweiße	in kJ	in kcal
Hühnerei	+	11,2	12,1	699	167
Trinkmilch, 3,5 % Fett	4,7	3,6	3,3	276	66
Buttermilch	4,0	0,5	3,5	151	36
Jogurt, 1,5 % Fett	4,7	1,6	3,5	209	50
Saure Sahne, 10 % Fett	4,0	10,5	3,1	531	127
Schlagsahne, mind. 30 % Fett	3,4	31,7	2,4	1326	317
Emmentaler, 45 % F. i. Tr.	2,0	30	28,7	1715	410
Sauermilchkäse (Harzer)	0,6	0,7	30	590	141
Speisequark, mager	4,1	0,25	13,5	322	77
Hammelfleisch, Keule	+	18	18	1046	250
Kalbfleisch, Keule	+	1,6	20,7	444	106
Rindfleisch, Filet	+	4,4	19,2	527	126
Schweinefleisch, Schulter	+	22,5	17,0	1209	289
Rehfleisch, Rücken	+	3,5	22,4	556	133
Entenfleisch	+	17,2	18,1	1017	243
Hühnerfleisch, Brust	+	0,9	22,8	456	109
Salami	+	49,7	17,8	2301	550
Leberwurst	0,9	41,2	12,4	1883	450
Wiener Würstchen	+	20,8	14,9	1105	264
Aal	+	24,5	15,0	1251	299
Forelle	+	2,7	19,5	469	112
Hering	+	14,9	18,2	929	222
Karpfen	+	4,8	18	523	125
Ölsardinen	+	13,9	24,2	983	235
Butter	0,7	83,2	0,67	3247	776
Speiseöl	0	99,8	0	3883	928
Schweineschmalz	0	99,7	+	3962	947
Haferflocken	66,4	7,0	13,5	1695	405
Reis, poliert	78,7	0,6	7,0	1540	368
Eierteigwaren (Nudeln)	72,4	2,9	13,0	1632	390
Weizenmehl, Type 405	74	0,98	10,6	1540	368
Brötchen	51	1,9	8,9	1138	272
Roggenmischbrot	51,2	1,1	6,8	1071	256
Knäckebrot	77,2	1,4	10,1	1602	383
Blumenkohl	3,9	0,3	2,5	117	28
Bohnen, grün	5,0	0,3	2,2	138	33
Gurke	1,3	0,2	0,6	42	10
Kohlrabi	4,4	0,1	1,9	109	26
Kopfsalat	2,2	0,2	1,2	67	16
Linsen, getrocknet	56,2	1,4	23,5	1481	354
Möhren	7,3	0,2	1,0	146	35
Sellerie	7,4	0,3	1,5	159	38
Tomaten	3,3	0,2	0,9	79	19
Kartoffeln	18,5	0,1	2,0	364	87
Apfel	12,6	0,4	0,3	230	55
Banane	23,3	0,2	1,1	414	99
Kirschen, süß	15,1	0,4	0,9	280	67
Backobst	69,4	0,6	2,3	1213	290
Haselnüsse	13,7	61,6	14,1	2904	694
Honig	80,8	0	0,4	1276	305
Marmelade	63,7	0,3	0,7	1075	257
Milchschokolade	54,7	32,8	9,1	2356	563
Bier (Vollbier)	3,7	0	0,5	201	48
Orangensaft, 100 % Fruchtanteil	10,9	0,2	0,6	205	49

+ nur in Spuren enthalten; F. i. Tr. Fett in der Trockenmasse

Löslichkeit einiger Salze in Wasser

Angabe in den weißen Feldern:
100 g Wasser lösen *a* g Salz bis zur Sättigung bei 101,3 kPa und 20 °C.

Ionen	Cl^-	Br^-	I^-	NO_3^-	SO_4^{2-}	CO_3^{2-}	PO_4^{3-}	S^{2-}
Na^+	36	91	179	88	19	22	12	19
K^+	34	66	144	32	11	112	23	–
NH_4^+	37	74	172	188	75	100	20	–
Mg^{2+}	54	102	148	71	36	$2 \cdot 10^{-1}$	–	–
Ca^{2+}	75	142	204	127	$2 \cdot 10^{-1}$	$2 \cdot 10^{-3}$	$1{,}5 \cdot 10^{-4}$	–
Ba^{2+}	36	104	170	9	$3 \cdot 10^{-4}$	$2 \cdot 10^{-3}$	–	–
Cu^{2+}	77	122	–	122	21	–	–	$3 \cdot 10^{-3}$
Ag^+	$2 \cdot 10^{-4}$	$1 \cdot 10^{-5}$	$3 \cdot 10^{-7}$	218	$8 \cdot 10^{-1}$	$3 \cdot 10^{-3}$	–	$1 \cdot 10^{-5}$
Zn^{2+}	367	447	432	118	54	$2 \cdot 10^{-2}$	–	–
Pb^{2+}	1	$9 \cdot 10^{-1}$	$7 \cdot 10^{-2}$	52	$4 \cdot 10^{-3}$	$1 \cdot 10^{-4}$	$1 \cdot 10^{-7}$	$9 \cdot 10^{-5}$
Fe^{2+}	62	–	–	–	27	–	–	$6 \cdot 10^{-4}$
Al^{3+}	46	–	–	75	36	–	–	–

Löslichkeit einiger Gase in Wasser

Die Löslichkeit wird in g Gas je kg Wasser bei 101,3 kPa angegeben.

Gas		Temperatur in °C					
Name	Chemisches Zeichen	0	20	25	40	60	80
Helium	He	0,0017	0,0015	0,0015	0,0014	0,0013	
Argon	Ar	0,099	0,059	0,053	0,042	0,030	
Wasserstoff	H_2	0,0019	0,0016	0,0015	0,0014	0,0012	0,0008
Stickstoff	N_2	0,0294	0,0190	0,0175	0,0139	0,0105	0,0066
Sauerstoff	O_2	0,0694	0,0434	0,0393	0,0308	0,0227	0,0138
Chlor	Cl_2	5,0	7,25	6,41	4,59	3,30	2,23
Ammoniak	NH_3	897	529	480	316	168	65
Schwefelwasserstoff	H_2S	7,07	3,85	3,38	2,36	1,48	0,77
Schwefeldioxid	SO_2	228	113	94,1	54,1		
Kohlenstoffmonooxid	CO	0,0440	0,0284	0,0260	0,0208	0,0152	0,0098
Kohlenstoffdioxid	CO_2	3,35	1,69	1,45	0,973	0,576	
Methan	CH_4	0,0396	0,0232	0,0209	0,0159	0,0114	0,0070
Ethan	C_2H_6	0,132	0,062	0,0535	0,0366	0,0239	0,0134
Ethen	C_2H_4	0,281	0,149	0,131			

Chemische Zeichen und Namen von Ionen

Chemisches Zeichen	Name	Chemisches Zeichen	Name	Chemisches Zeichen	Name
NH_4^+	Ammonium-Ion	SO_4^{2-}	Sulfat-Ion	PO_4^{3-}	Phosphat-Ion
F^-	Fluorid-Ion	HSO_4^-	Hydrogensulfat-Ion	HPO_4^{2-}	Hydrogen-phosphat-Ion
Cl^-	Chlorid-Ion	SO_3^{2-}	Sulfit-Ion	$H_2PO_4^-$	Dihydrogen-phosphat-Ion
Br^-	Bromid-Ion	HSO_3^-	Hydrogensulfit-Ion	ClO_2^-	Chlorit-Ion
I^-	Iodid-Ion	NO_3^-	Nitrat-Ion	ClO_3^-	Chlorat-Ion
O^{2-}	Oxid-Ion	NO_2^-	Nitrit-Ion	ClO_4^-	Perchlorat-Ion
OH^-	Hydroxid-Ion	CO_3^{2-}	Carbonat-Ion	S^{2-}	Sulfid-Ion
H^-	Hydrid-Ion	HCO_3^-	Hydrogen-carbonat-Ion	HS^-	Hydrogensulfid-Ion
H^+	Wasserstoff-Ion	CN^-	Cyanid-Ion	$HCOO^-$	Formiat-Ion
H_3O^+	Hydronium-Ion	CrO_4^{2-}	Chromat-Ion	CH_3COO^-	Acetat-Ion

Massenanteil und Dichte von sauren und alkalischen Lösungen

Lösung	Verdünnte Lösung * gesättigte Lösungen		Konzentrierte Lösung	
	Massenanteil in %	Dichte bei 20 °C in $g \cdot cm^{-3}$	Massenanteil in %	Dichte bei 20 °C in $g \cdot cm^{-3}$
Salzsäure	7	1,033	36	1,18
Schwefelsäure	9	1,059	96	1,836
Salpetersäure	12	1,066	65	1,391
Phosphorsäure	10	1,05	85	1,71
Essigsäure	12	1,015	99	1,052
Natronlauge	8	1,087	30	1,328
Kalilauge	11	1,1	27	1,256
Kalkwasser	0,16*	1,001*		
Barytwasser	3,4*	1,04*		
Ammoniaklösung	3	0,981	25	0,907

Einteilung des Wassers nach Wasserhärte und Härtebereichen

Wasserhärte in °dH	0 … 7	7 … 14	14 … 21	> 21
Härtebereich	1 = weich	2 = mittel	3 = hart	4 = sehr hart

pH-Werte von Lösungen

pH-Wert	0 1 2	3 4 5 6	7	8 9 10	11 12 13 14
Eigenschaft der Lösung	stark sauer	schwach sauer	neutral	schwach alkalisch	stark alkalisch
Stoffmengenkonzentration von Hydronium-Ionen und Hydroxid-Ionen	$c(H_3O^+) > c(OH^-)$		$c(H_3O^+) = c(OH^-)$	$c(H_3O^+) < c(OH^-)$	

Umschlagsbereiche für Säure-Base-Indikatoren

Indikator	pH-Wert-Bereich des Farbumschlages	Farbe des Indikators	
		unterer pH-Wert	oberer pH-Wert
Thymolblau 1. Stufe	1,2 … 2,8	rot	gelb
Methylgelb	2,4 … 4,0	rot	gelb
Methylorange	3,0 … 4,4	rot	gelborange
Methylrot	4,4 … 6,2	rosa	gelb
Lackmus	5,0 … 8,0	rot	blau
Bromthymolblau	6,0 … 7,6	gelb	blau
Thymolblau 2. Stufe	8,0 … 9,6	gelb	blau
Phenolphthalein	8,3 … 10,0	farblos	rot

Elektrochemische Spannungsreihe der Metalle

Reduktionsmittel	⇌ Oxidationsmittel	$+ z \cdot e^-$	Redoxpaar	Standardpotential $E^\ominus$ in V*
Li (s)	⇌ Li^+ (aq)	$+ e^-$	Li/Li^+	– 3,04
K (s)	⇌ K^+ (aq)	$+ e^-$	K/K^+	– 2,92
Ba (s)	⇌ Ba^{2+} (aq)	$+ 2\,e^-$	Ba/Ba^{2+}	– 2,90
Ca (s)	⇌ Ca^{2+} (aq)	$+ 2\,e^-$	Ca/Ca^{2+}	– 2,87
Na (s)	⇌ Na^+ (aq)	$+ e^-$	Na/Na^+	– 2,71
Mg (s)	⇌ Mg^{2+} (aq)	$+ 2\,e^-$	Mg/Mg^{2+}	– 2,36
Al (s)	⇌ Al^{3+} (aq)	$+ 3\,e^-$	Al/Al^{3+}	– 1,66
Mn (s)	⇌ Mn^{2+} (aq)	$+ 2\,e^-$	Mn/Mn^{2+}	– 1,18
Zn (s)	⇌ Zn^{2+} (aq)	$+ 2\,e^-$	Zn/Zn^{2+}	– 0,76
Cr (s)	⇌ Cr^{3+} (aq)	$+ 3\,e^-$	Cr/Cr^{3+}	– 0,74
Fe (s)	⇌ Fe^{2+} (aq)	$+ 2\,e^-$	Fe/Fe^{2+}	– 0,41
Cd (s)	⇌ Cd^{2+} (aq)	$+ 2\,e^-$	Cd/Cd^{2+}	– 0,40
Co (s)	⇌ Co^{2+} (aq)	$+ 2\,e^-$	Co/Co^{2+}	– 0,28
Ni (s)	⇌ Ni^{2+} (aq)	$+ 2\,e^-$	Ni/Ni^{2+}	– 0,23
Sn (s)	⇌ Sn^{2+} (aq)	$+ 2\,e^-$	Sn/Sn^{2+}	– 0,14
Pb (s)	⇌ Pb^{2+} (aq)	$+ 2\,e^-$	Pb/Pb^{2+}	– 0,13
H_2 (g) + 2 H_2O (l)	⇌ 2 H_3O^+ (aq)	$+ 2\,e^-$	$H_2/2\,H_3O^+$	0,00
Cu (s)	⇌ Cu^{2+} (aq)	$+ 2\,e^-$	Cu/Cu^{2+}	+ 0,35
Cu (s)	⇌ Cu^+ (aq)	$+ e^-$	Cu/Cu^+	+ 0,52
Ag (s)	⇌ Ag^+ (aq)	$+ e^-$	Ag/Ag^+	+ 0,80
Hg (l)	⇌ Hg^{2+} (aq)	$+ 2\,e^-$	Hg/Hg^{2+}	+ 0,85
Pt (s)	⇌ Pt^{2+} (aq)	$+ 2\,e^-$	Pt/Pt^{2+}	+ 1,20
Au (s)	⇌ Au^{3+} (aq)	$+ 3\,e^-$	Au/Au^{3+}	+ 1,41

s fest; l flüssig; g gasförmig; aq in wässriger Lösung * bei 25 °C und 101,3 kPa

Griechische Zahlwörter in der chemischen Nomenklatur

Ziffer	Zahlwort	Ziffer	Zahlwort	Ziffer	Zahlwort
1/2	hemi	7	hepta	14	tetradeca
1	mono	8	octa	15	pentadeca
2	di	9	nona	16	hexadeca
3	tri	10	deca	17	heptadeca
4	tetra	11	undeca	18	octadeca
5	penta	12	dodeca	19	enneadeca
6	hexa	13	trideca	20	eicosa

Namen und allgemeine Formeln von Kohlenwasserstoffen

Stoffklasse		Strukturmerkmal des Moleküls	
Name	Allgemeine Formel	Charakteristische Bindungsverhältnisse	Bezeichnung
Alkane	C_nH_{2n+2}	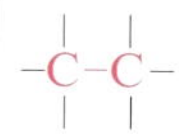	Einfachbindungen zwischen Kohlenstoffatomen
Alkene	C_nH_{2n}	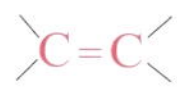	eine Doppelbindung zwischen zwei Kohlenstoffatomen
Alkine	C_nH_{2n-2}	–C≡C–	eine Dreifachbindung zwischen zwei Kohlenstoffatomen
Diene	C_nH_{2n-2}		zwei Doppelbindungen zwischen je zwei Kohlenstoffatomen
Cycloalkane	C_nH_{2n}	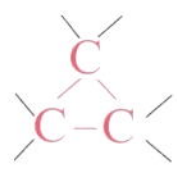	Einfachbindungen zwischen Kohlenstoffatomen im Ring

Namen und allgemeine Formeln von organischen Verbindungen mit funktionellen Gruppen im Molekül

Stoffklasse		Strukturmerkmal des Moleküls	
Name	Allgemeine Formel	Funktionelle Gruppe	Name
Alkylhalogenide	R–Cl, R–Br, R–I	–Hal (–Cl, –Br, –I)	Halogenid-Gruppe
Alkohole	R–OH	–OH	Hydroxyl-Gruppe
Aldehyde	R–C(=O)–H	–C(=O)–H	Aldehyd-Gruppe
Ether	R–O–R′	–O–	Ether-Gruppe
Ketone	R–C(=O)–R′	–C(=O)–	Keto-Gruppe
Carbonsäuren	R–C(=O)–OH	–C(=O)–OH	Carboxyl-Gruppe
Ester	R–C(=O)–O–R′	–C(=O)–O–	Ester-Gruppe
Amine	$R-NH_2$	$-NH_2$	Amino-Gruppe
Nitrile	R–C≡N	–C≡N	Nitril-Gruppe
Sulfonsäuren	$R-SO_3H$	$-SO_3H$	Sulfo-Gruppe

Namen und Kurzzeichen von Kunststoffen, Chemiefaserstoffen und Naturfaserstoffen

Thermoplaste				
Namen	Polyvinylchlorid	Polyethylen	Polystyrol	Polyamid
Kurzzeichen	PVC	PE (LDPE, HDPE)	PS	PA
Duroplaste				
Namen	Phenoplast	Aminoplast	Polyester, ungesättigt	
Kurzzeichen	PF	UF, MF	UP	
Chemiefaserstoffe				
Namen	Polyamidfaser	Polyacrylnitrilfaser	Polyesterfaser	Viskosefaser
Kurzzeichen	PA	PAN	PES	CV
Naturfaserstoffe				
Namen	Baumwolle	Leinen	Wolle	Naturseide
Kurzzeichen	CO	LI	WO	SE

Symbole für die Pflegebehandlung von Textilien

Symbol	Bedeutung der Symbole und Hinweise für die Pflege von Textilien				
Waschen	95 z. B. CO, LI	60 z. B. CV, PA, PES (30 … 60 °C)	30 z. B. WO, SE, PAN	Hand-wäsche	nicht waschen
Chloren	Cl Chlorbleiche möglich z. B. CO, LI, CV		Chlorbleiche nicht möglich, z. B. WO, SE, Acetatfaser (CA), PA, PES, PAN		
Bügeln	bis 200 °C z. B. CO, LI	bis 150 °C z. B. PES, CV, WO, SE	bis 110 °C z. B. Acetatfaser, (CA), PA, PAN	nicht bügeln	
Chemisch-reinigung	Ⓐ	Ⓟ	Ⓕ	keine Chemisch-reinigung möglich	
	Buchstaben geben einen Hinweis auf die Reinigungsmittel				
Trumbler-Trocknung	80 °C ± 10 °C z. B. CO, CV	< 60 °C z. B. PA, PES, PAN	trocknen im Trumbler nicht möglich		

Größengleichungen der Chemie

Stoffmenge, molare Masse, molares Volumen und Dichte

Berechnungen zur Stoffmenge n		
$n = \frac{N}{N_A}$	n	Stoffmenge einer Stoffportion in mol
	N	Teilchenanzahl einer Stoffportion
	N_A	Avogadro-Konstante in mol^{-1}
$n = \frac{m}{M}$	m	Masse in g
	M	molare Masse in $g \cdot mol^{-1}$
$n = \frac{V_n}{V_{m,n}}$	V_n	Normvolumen in l
	$V_{m,n}$	molares Normvolumen in $l \cdot mol^{-1}$
$n = c \cdot V(Ls)$	c	Stoffmengenkonzentration eines Stoffes in $mol \cdot l^{-1}$
	$V(Ls)$	Volumen der Lösung in l
$n = \frac{p \cdot V}{R \cdot T}$	p	Druck in Pa V Volumen in m^3 T Temperatur in K
	R	allgemeine molare Gaskonstante in $J \cdot K^{-1} \cdot mol^{-1}$
Berechnungen zur molaren Masse M		
$M = \frac{m}{n}$	m	Masse in g
	n	Stoffmenge in mol
$M = \frac{m \cdot V_{m,n}}{V_n}$	$V_{m,n}$	molares Normvolumen in $l \cdot mol^{-1}$
	V_n	Normvolumen in l
	R	allgemeine molare Gaskonstante in $J \cdot K^{-1} \cdot mol^{-1}$
$M = \frac{m \cdot R \cdot T}{p \cdot V}$	T	Temperatur in K
	p	Druck in Pa
	V	Volumen in m^3
$M = V_m \cdot \varrho$	V_m	molares Volumen in $l \cdot mol^{-1}$
	ϱ	Dichte in $g \cdot l^{-1}$
Berechnungen zum molaren Volumen V_m		
$V_m = \frac{V}{n}$	V	Volumen in l
	n	Stoffmenge in mol
$V_{m,n} = \frac{V_n}{n}$	$V_{m,n}$	molares Normvolumen in $l \cdot mol^{-1}$
	V_n	Normvolumen
Berechnungen zur Dichte ϱ		
$\varrho = \frac{m}{V}$		
$\varrho_n = \frac{M}{V_{m,n}}$	ϱ_n	Dichte unter Normbedingungen in $g \cdot l^{-1}$
Berechnungen zum Normvolumen V_n		
$V_n = \frac{p \cdot T_n}{p_n \cdot T} \cdot V$	T_n	Normtemperatur 273 K
	p_n	Normdruck 101,3 kPa

Zusammensetzungsgrößen

Massenanteil *w*

$$w(\mathrm{B}) = \frac{m(\mathrm{B})}{m(\mathrm{Gem})}$$

$m(\mathrm{B})$	Masse des Stoffes B
$m(\mathrm{Gem})$	Masse des Stoffgemisches

Einheiten: 1; %; ‰; ppm, ppb, ppt

Bedeutung der Einheiten:

% (Prozent)	entspricht $1 : 10^2$
‰ (Promille)	entspricht $1 : 10^3$
ppm (parts per million)	entspricht $1 : 10^6$
ppb (parts per billion)	entspricht $1 : 10^9$
ppt (parts per trillion)	entspricht $1 : 10^{12}$

Volumenanteil *φ*

$$\varphi(\mathrm{B}) = \frac{V(\mathrm{B})}{\sum V(\mathrm{Ko})}$$

$V(\mathrm{B})$	Volumen des Stoffes B
$\sum V(\mathrm{Ko})$	Summe der Volumen der Komponenten des Stoffgemisches

Einheiten: 1; %; ‰; ppm, ppb, ppt

Stoffmengenanteil *x*

$$x(\mathrm{B}) = \frac{n(\mathrm{B})}{\sum n(\mathrm{Ko})}$$

$n(\mathrm{B})$	Stoffmenge des Stoffes B
$\sum n(\mathrm{Ko})$	Summe der Stoffmengen der Komponenten des Stoffgemisches

Einheiten: 1; %; ‰; ppm, ppb, ppt

Massenkonzentration *β*

$$\beta(\mathrm{B}) = \frac{m(\mathrm{B})}{V(\mathrm{Ls})}$$

$m(\mathrm{B})$	Masse des Stoffes B
$V(\mathrm{Ls})$	Volumen der Lösung

Einheit: $\mathrm{g \cdot l^{-1}}$

Volumenkonzentration *σ*

$$\sigma(\mathrm{B}) = \frac{V(\mathrm{B})}{V(\mathrm{Gem})}$$

$\sigma(\mathrm{B})$	Volumenkonzentration des Stoffes B
$V(\mathrm{Gem})$	Volumen des Stoffgemisches

Einheit: $\mathrm{l \cdot l^{-1}}$

Stoffmengenkonzentration *c*

$$c(\mathrm{B}) = \frac{n(\mathrm{B})}{V(\mathrm{Ls})}$$

$n(\mathrm{B})$	Stoffmenge des gelösten Stoffes B
$V(\mathrm{Ls})$	Volumen der Lösung

Einheiten: $\mathrm{mol \cdot m^{-3}}$; $\mathrm{mol \cdot l^{-1}}$

Molalität *b*

$$b(\mathrm{B}) = \frac{n(\mathrm{B})}{m(\mathrm{Lm})}$$

$$b(\mathrm{B}) = \frac{m(\mathrm{B})}{m(\mathrm{Lm}) \cdot M(\mathrm{B})}$$

$b(\mathrm{B})$	Molalität des Stoffes B in einer Lösung in $\mathrm{mol \cdot kg^{-1}}$
$m(\mathrm{B})$	Masse des gelösten Stoffes B in g
$M(\mathrm{B})$	molare Masse des gelösten Stoffes B in $\mathrm{g \cdot mol^{-1}}$
$m(\mathrm{Lm})$	Masse des Lösemittels in kg

Einheiten: $\mathrm{mol \cdot g^{-1}}$; $\mathrm{mol \cdot kg^{-1}}$

Mischungsgleichung

$$m_1 \cdot w_1 + m_2 \cdot w_2 = (m_1 + m_2) \cdot w_3$$

w_1, w_2	Massenanteile eines Stoffes in den Lösungen 1 und 2
w_3	Massenanteil eines Stoffes in der herzustellenden Lösung
m_1, m_2	Massen der Lösungen 1 und 2

Weitere Größen der physikalischen Chemie

Massen- und Volumenberechnungen bei chemischen Reaktionen

Gesuchte Größe	Gegebene Größe	Allgemeine Größengleichung
$m(A)$	$m(B)$	$\frac{m(A)}{m(B)} = \frac{n(A) \cdot M(A)}{n(B) \cdot M(B)}$
$m(A)$	$V(B)$	$\frac{m(A)}{V(B)} = \frac{n(A) \cdot M(A)}{n(B) \cdot V_m(B)}$
$V(A)$	$m(B)$	$\frac{V(A)}{m(B)} = \frac{n(A) \cdot V_m(A)}{n(B) \cdot M(B)}$
$V(A)$	$V(B)$	$\frac{V(A)}{V(B)} = \frac{n(A)}{n(B)}$

- n Stoffmenge in mol
- m Masse der beteiligten Stoffe in g
- V Volumen der beteiligten Stoffe in l
- M molare Masse in $g \cdot mol^{-1}$
- V_m molares Volumen in $l \cdot mol^{-1}$
- (A) Stoff der gesuchten Größe
- (B) Stoff der gegebenen Größe

Berechnungen zur Titration von Lösungen

Berechnung der Stoffmengenkonzentration:

$$c_1 = \frac{c_2 \cdot V_2}{V_1}$$

Berechnung der Stoffmenge: $n_1 = c_2 \cdot V_2$

Berechnung der Masse: $m_1 = M_1 \cdot c_2 \cdot V_2$

- c_1 Stoffmengenkonzentration der zu bestimmenden Lösung
- c_2 Stoffmengenkonzentration der Maßlösung
- V_1 Volumen der zu bestimmenden Lösung
- V_2 Volumen der verbrauchten Maßlösung
- n_1 Stoffmenge des zu bestimmenden Stoffes
- m_1 Masse des zu bestimmenden Stoffes
- M_1 molare Masse des zu bestimmenden Stoffes

Berechnungen nach den Faraday'schen Gesetzen

$$I \cdot t = F \cdot n \cdot z$$

$$\frac{m}{M} = \frac{I \cdot t}{F \cdot z}$$

- F Faraday-Konstante $F = 9{,}6485 \cdot 10^4\, C \cdot mol^{-1}$
- n Stoffmenge in mol
- z Anzahl der Elementarteilchen
- t Zeit
- M molare Masse
- m Masse
- I Stromstärke

Berechnungen des Blutalkoholgehaltes

$$w(C_2H_5OH) = \frac{m\,(C_2H_5OH)}{0{,}7 \cdot m\,(\text{Körper})}$$

$$w(C_2H_5OH) = \frac{V\,(C_2H_5OH) \cdot \varrho\,(C_2H_5OH)}{0{,}7 \cdot m\,(\text{Körper})}$$

- $w(C_2H_5OH)$ Massenanteil des Alkohols im Blut in ‰
- $m(C_2H_5OH)$ Masse des aufgenommenen Alkohols in g
- $m(\text{Körper})$ Masse des Körpers in g
- $V(C_2H_5OH)$ Volumen des Alkohols in cm^3
- $\varrho(C_2H_5OH)$ Dichte des Alkohols in $g \cdot cm^{-3}$

Gefahrstoffe

Gefahrensymbole, Kennbuchstaben und Gefahrenbezeichnungen

 T	**Giftige Stoffe** (sehr giftige Stoffe T+) verursachen durch Einatmen, Verschlucken oder Aufnahme durch die Haut meist erhebliche Gesundheitsschäden oder sogar den Tod. *Was tun?* Nicht direkt berühren! Unwohlsein sofort dem Lehrer melden!
 Xn	**Gesundheitsschädliche Stoffe** können durch Einatmen, Verschlucken oder Aufnahme durch die Haut gesundheitsschädigend wirken. *Was tun?* Nicht direkt berühren! Unwohlsein sofort dem Lehrer melden!
 C	**Ätzende Stoffe** zerstören das Hautgewebe oder die Oberfläche von Gegenständen. *Was tun?* Berührungen mit Haut, Augen und Kleidung vermeiden! Dämpfe nicht einatmen! Schutzhandschuhe, Schutzkleidung und Schutzbrille tragen!
 Xi	**Reizende Stoffe** haben Reizwirkung auf Haut, Augen und Atmungsorgane. *Was tun?* Berührungen mit Haut, Augen und Atmungsorganen vermeiden! Nicht einatmen!
 E	**Explosionsgefährliche Stoffe** können unter bestimmten Bedingungen explodieren. *Was tun?* Schlag, Stoß, Reibung, Funkenbildung und Hitzeeinwirkung vermeiden! Abfälle und Behälter müssen in gesicherter Weise beseitigt werden!
 O	**Brandfördernde Stoffe** können brennbare Stoffe entzünden oder ausgebrochene Brände fördern. *Was tun?* Kontakt mit brennbaren Stoffen vermeiden! Explosions- und Brandgase nicht einatmen!
 F	**Leichtentzündliche Stoffe** (hochentzündliche Stoffe F+) entzünden sich von selbst an heißen Gegenständen. Zu ihnen gehören selbstentzündliche Stoffe, leicht entzündliche gasförmige Stoffe, feuchtigkeitsempfindliche Stoffe und brennbare Flüssigkeiten. *Was tun?* Vorsicht beim Umgang mit offenen Flammen und Wärmequellen! Keine Berührung mit brandfördernden Stoffen!
 N	**Umweltgefährliche Stoffe** sind sehr giftig, giftig oder schädlich für Wasserorganismen. In Gewässern können sie langfristig schädliche Wirkungen haben. Sie sind giftig für Pflanzen, Tiere – insbesondere Bienen – und Bodenorganismen. Langfristig können sie auf die Umwelt und die Ozonschicht schädliche Wirkungen haben. *Was tun?* Freisetzung der Stoffe in die Umwelt vermeiden! Stoffe der Problemabfallentsorgung zuführen!
Xn oder Xi	**Sensibilisierende Stoffe** können durch Einatmen (Xn) oder durch Hautkontakt (Xi) eine Sensibilisierung hervorrufen. *Was tun?* Staub, Gas, Dampf und Aerosol nicht einatmen! Berührung mit der Haut vermeiden!
T oder Xn	**Krebserzeugende Stoffe** und **erbgutverändernde Stoffe** können Krebs erzeugen bzw. vererbbare Schäden hervorrufen. *Was tun?* Exposition vermeiden! Bei Unfall oder Unwohlsein sofort den Arzt hinzuziehen!
T oder Xn	**Fortpflanzungsgefährdende Stoffe** können die Fortpflanzungsfähigkeit beeinträchtigen oder das Kind im Mutterleib schädigen. *Was tun?* Exposition vermeiden!

Gefahrstoffliste (Auswahl, nach Gefahrstoffliste 1999)

Stoff	Kenn-buch-stabe	R-Sätze	S-Sätze	E-Sätze
Aceton (Propanon)	F, Xi	11-36-66-67	(2)-9-16-26	1-10-14
Aluminiumchlorid-6-Wasser	C	34	(1/2)-7/8-28-45	2
Aluminiumpulver, phlegmatisiert		10–15	(2)-7/8-43	3
Ameisensäure (Methansäure) ≥ 90 %	C	35	(1/2)-23-26-45	1-10
Ameisensäure 2 % … 10 %	Xi	36/38	(2)-23-26	1
Ammoniak, wasserfrei	T, N	10-23-34-50	(1/2)-9-16-26-36/37/39-45-61	2-7
Ammoniaklösung 10 % … 25 %	C	34	(1/2)-26-36/37/39-45	2
Ammoniaklösung 5 % … 10 %	Xi	36/37/38	(1/2)-26-36/37/39-45	2
Ammoniumchlorid	Xn	22-36	(2)-22	1
Ammoniumperoxodisulfat	O, Xn	8-22-42/43	17-22-24-37-43	2
Ammoniumthiocyanat (-rhodanid)	Xn	20/21/22-32	(2)-13	1
Anilin (Aminobenzol)	T, N	20/21/22-40-48/23/24/25-50	(1/2)-28-36/37-45-61	10
Antimon(III)-chlorid	C, N	34-51/53	(1/2)-26-45-61	3-14
Asbest	T	45-48/23	53-45	3
Bariumchlorid-2-Wasser	T	20-25	(1/2)-45	1-3
Bariumchloridlösung 3 % … 25 %	Xn	22	(1/2)-45	1
Bariumhydroxid-8-Wasser	C	20/22-34	26-36/37/39-45	1-3
Benzin (Petroleumbenzin)	F	11	9-16-29-33	10-12
Benzol	F, T	45-11-48/23/24/25	53-45	10-12
Blei (bioverfügbar)	T	61-20/22-33	53-45	8
Blei(II)-chlorid	T, N	61-20/22-33-50/53-62	53-45-60-61	4-8-14
Blei(II)-nitrat	O, T, N	61-8-20/22-33-50/53-62	53-17-45-60-61	4-8-14
Blei(II)-nitratlösung 0,5 % … 5 %	T	61-33	53-45	4-8-14
Brom	T+, C, N	26-35-50	(1/2)-7/9-26-45-61	16
Bromwasser, gesättigt	T, Xi	23-24	7/9-26	16
Bromwasserstoff	C	35-37	(1/2)-7/9-26-45	2
Butan	F+	12	(2)-9-16	7
Butanol	Xn	10-22-37/38-41-67	(2)-7/9-13-26-37/39-46	10
Buttersäure (Butansäure)	C	34	(1/2)-26-36-45	10
Calcium	F	15	(2)-8-24/25-43	15
Calciumcarbid	F	15	(2)-8-43	15-16
Calciumchlorid	Xi	36	(2)-22-24	1
Calciumchlorid-6-Wasser	Xi	36	(2)-22-24	1
Calciumhydroxid	C	34	26-36/37/39-45	2
Calciumoxid	C	34	26-36	2
Chlor	T, N	23-36/37/38-50	(1/2)-9-45-61	16
Chlorethan (Ethylchlorid)	F+, Xn	12-40-52/53	(2)-9-16-33-36/37-61	7-12
Chlorethen (Vinylchlorid)	F+, T	45-12	53-45	7-12
Chlormethan (Methylchlorid)	F+, Xn	12-40-48/20	(2)-9-16-33	7-12
Chloroform (Trichlormethan)	Xn	22-38-40-48/20/22	(2)-36/37	10-12
Chlorwasser, gesättigt ≈ 0,7 %	Xn	20	9-45	16
Chlorwasserstoff, wasserfrei	T, C	23-35	(1/2)-9-26-36/37/39-45	2
Cobaltsalzlösungen 0,1 % … 5 %	T	49-42/43	(2)-22-53-45	11-12
Cyclohexan	F, Xn, N	11-38-50/53-65-67	(2)-9-16-33-60-61-62	10-12
Cyclohexen	F, Xn	11-22	9-16-23-33	10-16
Diacetyldioxim (Dimethylglyoxim)	Xn	20/21/22	36/37	10
Dibrommethan	Xn	20-52/53	(2)-24-61	10-12
Dichlormethan	Xn	40	(2)-23-24/25-36/37	10-12
Diethylether (Ether)	F+, Xn	12-19-22-66-67	(2)-9-16-29-33	9-10-12
Dimethylanilin	T, N	23/24/25-40-51/53	(1/2)-28-36/37-45-61	10-12
Distickstofftetraoxid/Stickstoffdioxid	T+	26-34	(1/2)-9-26-28-36/37/39-45	7

Stoff	Kennbuchstabe	R-Sätze	S-Sätze	E-Sätze
Eisen(III)-chlorid-6-Wasser	Xn	22-38-41	26-39	2
Eisen(III)-nitrat-9-Wasser	O, Xi	8-36/38	17	1
Eisen(II)-sulfatlösung ≥ 25 %	Xn	22	24-25	1
Essigsäure (Ethansäure) ≥ 90 %	C	10-35	(1/2)-23-26-45	2-10
Essigsäure (Ethansäure) 25 % … 90 %	C	34	(1/2)-23-26-45	2-10
Essigsäure (Ethansäure) 10 % … 25 %	Xi	36/38	23-26	2-10
Essigsäureethylester (Ethylacetat)	F, Xi	11-36-66-67	(2)-16-26-33	10-12
Ethanal (Acetaldehyd)	F+, Xn	12-36/37-40	(2)-16-33-36/37	9-10-12-16
Ethanol (Ethylalkohol)	F	11	(2)-7-16	1-10
Ethen (Ethylen)	F+	12	(2)-9-16-33	7
Ethin (Acetylen)	F+	5-6-12	(2)-9-16-33	7
Fehling'sche Lösung II (Kaliumnatriumtartrat, alkalisch)	C	35	(2)-26-27-37/39	2
Heptan	F, Xn, N	11-38-50/53-65-67	(2)-9-16-29-33-60-61-62	10-12
Hexan	F, Xn, N	11-38-48/20-51/53-62-65-67	(2)-9-16-29-33-36/37-61-62	10-12
Iod	Xn, N	20/21-50	(2)-23-25-61	1-16
Kalium	F, C	14/15-34	(1/2)-5-8-43-45	6-12-16
Kaliumchlorat	O, Xn	9-20/22	(2)-13-16-27	1-6
Kaliumhydrogensulfat	C	34-37	(1/2)-26-36/37/39-45	2
Kaliumhydroxid (Ätzkali)	C	22-35	(1/2)-26-36/37/39-45	2
Kaliumhydroxidlösung ≥ 5 %	C	35	(1/2)-26-37/39-45	2
Kaliumhydroxidlösung 2 % … 5 %	C	34	(1/2)-26-37/39-45	2
Kaliumhydroxidlösung 0,5 % … 2 %	Xi	36/38	26	2
Kaliumnitrat	O	8	16-41	1
Kaliumperchlorat	O, Xn	9-22	(2)-13-22-27	1
Kaliumpermanganat	O, Xn, N	8-22-50/53	(2)-60-61	1-6
Kaliumsulfid	C, N	31-34-50	(1/2)-26-45-61	1
Kaliumthiocyanat (-rhodanid)	Xn	20/21/22-32	2-13	1
Kohlenstoffdisulfid (Schwefelkohlenstoff)	F, T	11-36/38-48/23-62-63	(1/2)-16-33-36/37-45	9-10-12
Kohlenstoffmonooxid	F+, T	61-12-23-48/23	53-45	7
Kupfer(II)-chlorid-2-Wasser	T	25-36/37/38	37-45	11
Kupfer(II)-sulfat-5-Wasser	Xn, N	22-36/38-50/53	(2)-22-60-61	11
Kupfer(II)-sulfatlösung ≥ 25 %	Xn	22-36/38	(2)-22	11
Lithiumchlorid	Xn	22-36/37/38	26-36	1
Magnesiumpulver, -späne (phlegmatisiert)	F	11-15	(2)-7/8-43	3
Mangan(II)-chlorid-4-Wasser	Xn	22-36/37/38	26-36/37/39	11
Mangandioxid (Braunstein)	Xn	20/22	(2)-25	3
Methanal(Formaldehyd)-lösung ≥25 %	T	23/24/25-34-40-43	(1/2)-26-36/37/39-45-51	10-12-16
Methanal(Formaldehyd)-lösung 5 % … 25 %	Xn	20/21/22-36/37/38-40-43	(1/2)-26-36/37/39-51	1-10
Methanal(Formaldehyd)-lösung 1 % … 5 %	Xn	40-43	23-27	1
Methanol (Methylalkohol)	F, T	11-23/24/25-39/23/24/25	(1/2)-7-16-36/37-45	1-10
Natrium	F, C	14/15-34	(1/2)-5-8-43-45	6-12-16
Natriumcarbonat-10-Wasser	Xi	36	(2)-22-26	1
Natriumdithionit	Xn	7-22-31	(2)-7/8-26-28-43	1
Natriumfluorid	T	25-32-36/38	(1/2)-22-36-45	5

Stoff	Kenn-buch-stabe	R-Sätze	S-Sätze	E-Sätze
Natriumfluoridlösung 3 % … 20 %	Xn	22-32	22-36-45	5
Natriumhydroxid (Ätznatron)	C	35	(1/2)-26-37/39-45	2
Natriumhydroxidlösung ≥ 5 %	C	35	(1/2)-26-37/39-45	2
Natriumhydroxidlösung 2 % … 5 %	C	34	(1/2)-26-37/39-45	1
Natriumhydroxidlösung 0,5 % … 2 %	Xi	36/38	28	1
Natriumnitrit	O, T, N	8-25-50	(1/2)-45-61	1-16
Natriumsulfidlösung 5 % … 10 %	Xn	22-31-36/37/38	(1/2)-26-36/37/39-45	1
Nickel(II)-nitratlösung ≥ 25 %	Xn	22	53-24	11-12
Nicotin	T+, N	25-27-51/53	(1/2)-36/37-45-61	10-16
Oxalsäure-2-Wasser	Xn	21/22	(2)-24/25	5
Oxalsäurelösung ≥ 5 %	Xn	21/22	(2)-24-25	5
Ozon	O, T	34-36/37/38		7
Perchlorsäure ≥ 50 %	O, C	5-8-35	(1/2)-23-26-36-45	2
Perchlorsäure 10 % … 50 %	C	34	23-28-36	2
Perchlorsäure 1 % … 10 %	Xi	36/38	28-36	2
Phenol	T	24/25-34	(1/2)-28-45	10-12
Phenollösung 1 % … 5 %	Xn	21/22	(2)-28-45	10-12
Phosphor, rot	F, N	11-16-50	(2)-7-43-61	6-9
Phosphor(V)-oxid	C	35	(1/2)-22-26-45	2
Phosphorsäure ≥ 25 %	C	34	(1/2)-26-45	2
Phosphorsäure 10 % … 25 %	Xi	36/38	25	1
Phthalsäureanhydrid	Xn	22-37/38-41-42/43	(2)-23-24/25-26-37/39-46	10
Propan	F+	12	(2)-9-16	7
Propanol	F, Xi	11-41-67	(2)-7-16-24-26-39	10
Quecksilber	T, N	23-33-50/53	(1/2)-7-45-60-61	6-12-14-16
Quecksilber(I)-chlorid (Kalomel)	Xn	22-36/37/38	(2)-13-24/25-46	6-12-16
Resorcin (1,3-Dihydroxybenzol)	Xn, N	22-36/38-50	(2)-26-61	10
Salpetersäure ≥ 70 %	O, C	8-35	(1/2)-23-26-36-45	2
Salpetersäure 20 % … 70 %	C	35	(1/2)-23-26-36-45	2
Salpetersäure 5 % … 20 %	C	34	(1/2)-23-26-36-45	2
Salzsäure ≥ 25 %	C	34-37	(1/2)-26-45	2
Salzsäure 10 % … 25 %	Xi	36/37/38	(1/2)-26-45	2
Schwefeldioxid	T	23-34	(1/2)-9-26-36/37/39-45	7
Schwefelsäure ≥ 15 %	C	35	(1/2)-26-30-45	2
Schwefelsäure 5 % … 15 %	Xi	36/38	(2)-26	2
Schwefelwasserstoff	F+, T+, N	12-26-50	(1/2)-9-16-28-36/37-45-61	2-7
Schwefelwasserstofflösung 1 % … 5 %	Xn	20	(1/2)-9-16-28-36/37-45	2
Schweflige Säure 0,5 % … 5 %	Xi	36/37/38	24-26	2
Silbernitrat	C, N	34-50/53	(1/2)-26-45-60-61	12-13-14
Silbernitratlösung 5 % … 10 %	Xi	36/38	(1/2)-26-45	12-13-14
Stickstoffmonooxid	T+	26/27	45	7
Styrol	Xn	10-20-36/38	(2)-23	10-12
Sulfanilsäure	Xi	36/38-43	(2)-24-37	10-16
Tollens Reagens	C	34-36/37/38	(2)-26	
Toluol	F, Xn	11-20	(2)-16-25-29-33	10-12
Wasserstoff	F+	12	(2)-9-16-33	7
Wasserstoffperoxidlösung ≥ 60 %	O, C	8-34	(1/2)-3-28-36/39-45	1-16
Wasserstoffperoxidlösung 5 % … 20 %	Xi	36/38	(1/2)-28-36/39-45	1
Zinkchlorid	C, N	34-50/53	(1/2)-7/8-28-45-60-61	1-11

Register

Periodensystem der Elemente

Periode	1* I. Hauptgruppe	2 II. Hauptgruppe	3 III. Nebengruppe	4 IV. Nebengruppe	5 V. Nebengruppe	6 VI. Nebengruppe	7 VII. Nebengruppe	8 VIII. Nebengruppe	9 VIII. Nebengru
1	1 1,008 2,1 H Wasserstoff								
2	3 6,94 1,0 Li Lithium	4 9,01 1,5 Be Beryllium							
3	11 22,99 0,9 Na Natrium	12 24,31 1,2 Mg Magnesium							
4	19 39,10 0,8 K Kalium	20 40,08 1,0 Ca Calcium	21 44,96 1,3 Sc Scandium	22 47,88 1,5 Ti Titan	23 50,94 1,6 V Vanadium	24 51,996 1,6 Cr Chrom	25 54,94 1,5 Mn Mangan	26 55,85 1,8 Fe Eisen	27 5 1,8 Cobalt
5	37 85,47 0,8 Rb Rubidium	38 87,62 1,0 Sr Strontium	39 88,91 1,3 Y Yttrium	40 91,22 1,4 Zr Zirconium	41 92,91 1,6 Nb Niob	42 95, 94 1,8 Mo Molybdän	43 [98] 1,9 Tc Technetium	44 101,07 2,2 Ru Ruthenium	45 10 2,2 Rhodium
6	55 132,91 0,7 Cs Caesium	56 137,33 0,9 Ba Barium	57 138,91 1,1 La Lanthan ●	72 178,49 1,3 Hf Hafnium	73 180,95 1,5 Ta Tantal	74 183,84 1,7 W Wolfram	75 186,21 1,9 Re Rhenium	76 190,23 2,2 Os Osmium	77 192 2,2 Iridium
7	87 [223] 0,7 Fr Francium	88 226,03 0,9 Ra Radium	89 227,03 1,1 Ac Actinium ●●	104 [261] Rf[1] Rutherfordium	105 [262] Db[1] Dubnium	106 [266] Sg[1] Seaborgium	107 [264] Bh[1] Bohrium	108 [267] Hs[1] Hassium	109 [2 Meitnerium

Eigenschaften der Oxide

basisch — basisch / sauer — sauer — Edelgase

Ordnungszahl: 7 — Atommasse in u: 14,007 — Elektronegativitätswert: 3,0 — Symbol: N — Name: Stickstoff

● Elemente der Lanthanreihe (Lanthanoide)

Periode					
6	58 140,12 1,1 Ce Cer	59 140,91 1,1 Pr Praseodym	60 144,24 1,2 Nd Neodym	61 [145] 1,2 Pm Promethium	62 15 1,2 S Samarium

●● Elemente der Actiniumreihe (Actinoide)

Periode					
7	90 232,04 1,3 Th Thorium	91 231,04 1,5 Pa Protactinium	92 238,03 1,7 U Uran	93 [237] 1,3 Np Neptunium	94 [2 1,3 Plutonium

Die Atommassen in eckigen Klammern beziehen sich auf das läng